北井邦亮

日米ガイドライン

自主防衛と対米依存のジレンマ

中公選書

はじめに

安保三文書は大転換か？

二〇二二（令和四）年十二月十六日、日本政府は新たな「国家安全保障戦略」「国家防衛戦略」「防衛力整備計画」の安保関連三文書（安保三文書）を閣議決定した。敵のミサイル基地をたたく反撃能力（敵基地攻撃能力）の保有や、研究開発など関連経費を含む防衛費を国内総生産（ＧＤＰ）比二％に引き上げる目標を明記するなど、自衛隊の活動内容と能力の拡張をねらった大胆な政策だ。

左派系議員を多く抱える最大野党の立憲民主党は、国民的合意なきまま防衛政策を大きく変えるものだとして、「容認できない」と表明した。[1]『朝日新聞』も社説で「戦後の抑制的な安保政策を大転換し、平和構築のための構想や努力を欠いた力への傾斜」と批判した。[2]

「専守防衛」を掲げてきた日本が相手国の領土を攻撃できる軍事能力を持つという考えは、確かに刺激的だ。「戦争放棄」をうたった憲法第九条の堅持を支持する国民や政党、メディアにとっては、とりわけそうだっただろう。

一方で、打ち出した側の政府も、この政策を大いにアピールした。閣議決定を受けて記者会見に臨んだ岸田文雄《きしだふみお》首相は次のように強調した。

安倍政権において成立した平和安全法制によって、いかなる事態においても切れ目なく対応できる体制が既に法律的、あるいは理論的に整っていますが、今回、新たな3文書を取りまとめることで、実践面からも安全保障体制を強化することとなります。正にこの3文書とそれに基づく安全保障政策は、戦後の安全保障政策を大きく転換するものであります。[3]

岸田はここで「転換」という言葉を繰り返した。二〇二二年当時の自民党の党内勢力を勘案すると、軍拡を続ける中国への対抗姿勢を示すことで、安倍晋三《あべしんぞう》亡き後の保守派を取り込みたいという岸田の思惑が透けるが、[4]果たして喧伝するほどの大転換だったのか。

三文書、ことに反撃能力の保有は、これまで日本が取ってきた防衛政策の枠内に内在していた。野党およびメディアの批判的態度も政府の自賛のいずれも、いささか過剰だったのではないか。これが筆者の見解である。とすれば、三文書をも包摂し得る既存の防衛政策の正体を改めて知らしめ、将来の安保政策をめぐる議論の土台を提供すべきではないか。これが、本書を世に問う理由の一つである。

「封印」されていた敵基地攻撃

約七〇年前の一九五六（昭和三十一）年二月二十九日、当時の防衛庁長官、船田中《ふなだなか》は、衆議院内閣委員会で次のような発言を行った。

わが国に対して急迫不正の侵害が行われ、その侵害の手段としてわが国土に対し、誘導弾等による攻撃が行われた場合、座して自滅を待つべしというのが憲法の趣旨とするところだというふうには、どうしても考えられないと思うのです。そういう場合には、そのような攻撃を防ぐのに万やむを得ない必要最小限度の措置をとること、たとえば誘導弾等による攻撃を防御するのに、他に手段がないと認められる限り、誘導弾等の基地をたたくことは、法理的には自衛の範囲に含まれ、可能であるというべきものと思います。[5]

鳩山一郎《はとやまいちろう》首相の見解を代読したものだが、言わんとしたのはつまり、弾道ミサイルの発射元となる敵基地攻撃の可能性を肯定したのである。

ただ、この「新解釈」自体は当時、論争の主な的にならなかった。[6] 物議を醸したのはむしろ、鳩山自身が同じ日に参議院予算委員会で述べた「自衛のためには敵基地を侵略してもいい」という失言だった。[7] 発言の内容よりも「侵略」という言葉のみを捉えた批判であり、その騒動も、鳩山が発言を訂正し、野党・社会党提出の首相戒告決議案が参議院で否決されると、終息した。[8]

その後政府は、敵基地攻撃能力は違憲ではないという鳩山見解を維持する一方で、その保有は検討しないとの「政策判断」を下した。[9] 敵基地攻撃は、「自主規制」により封印されていたにすぎないのである。岸田政権が反撃能力の保有について、政策判断の変更ではあるものの、憲法第九条の解釈や専守防衛、米軍と自衛隊の役割分担を覆すものではないと力説するのも[10]、こうした歴史的文脈にある。

もちろん、政府が従来の政策の根本は不変だと釈明しつつ、抑制的な防衛政策を骨抜きにしようと企てているという批判もあろう。だが、「弾道ミサイル等による攻撃」に応酬する自衛隊の能力という反撃能力の定義は、一九五六年の政府見解とぴったりと符合する。三文書は、新しい方向への大転換というより、既存の政策枠組みの中での発展と捉えるほうが腑に落ちるのである。

日米安保の「魂」

では、既存の防衛政策の「枠組み」とはどういったものだろうか。端的に言えば、憲法第九条の制約の下、米国と日本独自の軍事力の双方を合わせて国防に当たるというものだ。「考え方」と表現するほうが妥当かもしれない。

枠組みの起源は、日本に駐留米軍の受け入れ義務を課した旧日米安全保障条約に求めることができる。一九五二年に発効した旧安保条約は六〇年に現在まで続く日米安保条約に改定され、米国の日本を守る義務が明文化された。これによって米国に基地を貸して軍隊の提供を受ける「物と人との協力」を本質とする日米安保体制が確立された[11]。

さらに一九七二年の米国による沖縄の施政権返還を機に、日米安保体制は日本の防衛のみならず、朝鮮半島をはじめとする北東アジアをも視野に入れた協力という色彩を帯びていく。佐藤栄作《さとうえいさく》首相は返還に当たり、韓国と台湾の安全の維持は、日本の安全にとってそれぞれ「緊要」「きわめて重要な要素」だと認め、[12]極東の安全保障への関心と関与を増していく方針を明らかにした。[13]返還後も米軍の活動に日本が協力し続けるかどうかを懸念した米政府に配慮した佐藤の判断であった。ジャーナリストの河原仁志《かわはらひとし》はこれに関し、米国が「日本をアジアの安全保障に積極的に関与させるための橋頭堡」として沖縄返還を利用したと評している。[14]ベトナム戦争の泥沼からの脱出を目指し、アジアの同盟各国に地域でより大きな防衛責任を担わせようとした米国の戦略の一環だったという指摘である。

こうして日米安保体制は制度としての形を整えたが、決定的な不備を抱えていた。日本を守ると言いつつ、そのために米軍と自衛隊を実際にどう動かすのかという、リアルな感覚に根差した軍隊の運用に関する取り決めが、政府レベルで存在していなかったのである。

例外は、岸信介《きしのぶすけ》政権による一九五七年の「国防の基本方針」の決定だろう。[15]ただ、国防の基本方針も、「外部からの侵略に対しては、将来国際連合が有効にこれを阻止する機能を果たし得るに至るまでは、米国との安全保障体制を基調としてこれに対処する」とうたっただけで、具体的内容を伴っていなかった。日本防衛で米軍の来援を見込んだ運用計画こそ作成はされたが、米軍の支援の規模やタイミング、日本側の受け入れ態勢などに関しては「全くの作文」（丸山昂《まるやまこう》元防衛事務次官）というありさまだった。[16]

この不備を埋めたのが、一九七八年に日米両政府が合意した「日米防衛協力のための指針」、すなわちガイドラインである。ガイドラインは、日本有事の際、自衛隊が日本の領域と周辺海空域で敵の攻撃を撃退する「防勢作戦」を、米軍は日本の領域外の敵基地・部隊を攻撃する「打撃力」の使用を伴う作戦をそれぞれ実施すると定め、「米軍は矛、自衛隊は盾」という役割分担を公式化した。

当時、統合幕僚会議議長だった高品武彦《たかしなたけひこ》は「安保体制も昭和三十五年仏《ほとけ》をつくって以来、漸く魂が入ってきた」と自賛してみせた。[17] ガイドラインによって、日米は具体的な軍事協力に踏み出すことができるようになったのである。

変化するガイドライン

ガイドラインは、米国のアジア戦略や日本を取り巻く安保環境の変化を受けて策定され、その後一九九七年と二〇一五年の二度にわたり改定された。この間、日米安保条約は不変であり続け、ガイドラインが日米安保体制を時代に適合させる役割を担ってきた。

ただ、環境の変化だけがガイドライン策定・改定のきっかけだったわけではない。ガイドラインは「平和憲法を持つ国家として、どこまで軍事的役割を担うことができるのか」という自問に対する、日本としての回答でもあった。

日本有事を想定した一九七八年のガイドライン（78ガイドライン）は、「日本は限定的かつ小規模な侵略」を独力で排除するとうたい、朝鮮半島有事をにらんだ九七年の改定ガイドライン（97ガイドライン）は、周辺事態での米軍に対する後方支援に踏み込んだ。中国の軍事的台頭をきっかけに再改定された二〇一五年のガイドライン（15ガイドライン）は、集団的自衛権の行使を織り込んだ日米共同対処を、特定の場合に限って明記した。

さらに、日本政府は改定の後、米軍への後方支援を合法化する「周辺事態法」（一九九九年）を、再改定の際には、集団的自衛権の行使の在り方などを定めた「平和安全法制」（二〇一五年）をそれぞれ制定した。いずれもガイドラインの実効性を確保するための法整備である。ガイドラインは日本の防衛政策の大胆な発展を導いてきた合意であり、そこには、日本が安保環境の変化に応じ、国家として主体的に選んだ軍事力の使い道が記されている。

一方で、米国にとってガイドラインが持つ意味は、日本より格段に小さい。米国には日本と異なり軍事的タブーはなく、軍隊の使い道をあらかじめ限定しておく必要がないためだ。日本は二〇二二年の安保関連三文書決定に当たり、ガイドラインの見直しも視野に入れていたものの、米側は台湾有事をにらんだ日米協力体制の構築を急ぎ「時間と労力がかかる見直しの協議をしている暇はない」と通告したとされる[18]。

米国からすれば、ガイドラインとはその程度のものなのかもしれない。ガイドラインは、あくまで日本が必要とする仕組みなのである。

防衛を語る出発点として

本書の狙いは、過去三回にわたるガイドラインの策定・改定の過程と内容を、日本の自主性の発露という視角から捉えることで、日米同盟の現在地と日本の防衛政策の本質を提示することにある。

東アジアの安保環境は、目に見えて悪化している。現行の防衛政策の枠組みを維持した上で、軍事ではなく外交に活路を見いだすべきだという議論もあれば、軍事的な抑止力と対処力の強化に向け、憲法第九条を超えた新たな方向性を見いだすべきだという主張もある。いずれの論陣を張るにしても、まず客観的に、第九条の制約を抱えた日米安保体制の現状とその限界を知ることが不可欠だ。

筆者は、ガイドラインの歴史を追うことにより、こうした知見を得られると考えている。叙述に当たっては、ガイドラインの策定・改定を日本に迫った要因を明らかにするため、米国の動向を含む安保環境の変化や日本国内の防衛政策に関する議論の変遷にも触れていく。

第一章は、ガイドライン前史として、日本に関連した一九七〇年代前半の国際情勢の展開を追った上で、ガイドラインの策定に至る経緯とその内容を分析する。ベトナム戦争で疲弊した米国による同盟国に対する防衛負担の要求、経済成長を受けて日本独自の防衛力増強を図るべきだとした自主防衛論の高まりから、基盤的防衛力構想を柱とした「防衛計画の大綱」（防衛大綱）の決定（一九七六年）、そしてガイドライン策定へ、という流れだ。

第二章は、冷戦終結から湾岸戦争（一九九一年）、第一次朝鮮半島核危機を経て、ガイドライン改定までの期間を取り扱う。日本では、湾岸戦争で多国籍軍に人的貢献を行えず、「小切手外交」と揶揄《やゆ》されたことへの反省から、国際主義に基づく「多角的安全保障」が注目を集めた。これに、朝鮮半島有事と、対日貿易赤字の削減を重視したビル・クリントン米政権との軋轢《あつれき》を受けた「同盟漂流」への危機感が加わり、日米は「同盟再確認」とガイドライン改定を通じ、冷戦後の新たな連携の姿を模索した。

第三章は、民主党の鳩山由紀夫《はとやまゆきお》政権の誕生（二〇〇九年）後、沖縄県の普天間《ふてんま》飛行場の移設問題をめぐって日米関係がきしんだ時期を起点とする。中国の軍事的興隆を前に同盟立て直しが急務となる中、より対等な日米関係を志向した第二次安倍政権が発足し（二〇一二年）、集団的自衛権の限定行使を織り込んだガイドライン再改定に至るまでを描く。

第四章では、再改定後に誕生したドナルド・トランプ米政権期の日米防衛協力と、日本の防衛政策の展開について、詳細に考察する。トランプ大統領は、原理・原則というより予測不能な衝動に基づいて政策を決定する傾向があった。このため、日米間で防衛協力に関し新たな政策枠組みが構築されたとは言い難い。一方で、米側で中国に対する警戒感が高まったこともあって、ガイドライン路線に沿った日米協力は着実に進展した。

第五章では、ガイドラインを国際政治理論の観点から検討する。ガイドラインを「安保環境の変化に応じ、日本の自主性を政策枠組みに落とし込む同盟管理メカニズム」と定義した上で、その多面的な意義に言及する。ガイドラインは、日米安保体制の枠内に日本をとどめる足かせとも、同体制の発展を促すツールとも、受け止めることができる。いずれの立場を取るにせよ、ガイドラインを知ることが将来の防衛政策を論じる際の「出発点」となるだろう。

終章は、対米対等を実現したいという欲求と、米国の軍事力に頼らざるを得ないという現実の間で揺れてきた日本の姿の描写に紙幅を割く。重光葵《しげみつまもる》外相とジョン・フォスター・ダレス米国務長官のやりとりや、核の傘・日本核武装をめぐる佐藤栄作首相とリチャード・ニクソン米大統領の会話などを紹介しつつ、ガイドラインによって調整されてきた日米安保体制がいかに強靭な枠組みであるかを示す。

注

1　「政府が示した「安保三文書」の問題点について（声明）」二〇二二年十二月十六日（https://cdp-japan.jp/news/20221216_5104）二〇二三年八月三日閲覧。
2　『朝日新聞』二〇二二年十二月十七日。
3　「岸田内閣総理大臣記者会見」二〇二二年十二月十六日（https://www.kantei.go.jp/jp/101_kishida/statement/2022/1216kaiken.html）二〇二三年七月十八日閲覧。
4　『毎日新聞』二〇二三年一月四日。
5　「第二十四回国会　衆議院　内閣委員会議録第十五号」一九五六年二月二十九日、一頁。
6　『朝日新聞』一九五六年三月四日。
7　「第二十四回国会　参議院　予算委員会会議録第九号」一九五六年二月二十九日、二四頁。
8　『朝日新聞』一九五六年三月六日。
9　「第百九十八回国会　衆議院会議録第二十四号」二〇一九年五月十六日、一八頁。
10　「岸田内閣総理大臣記者会見」二〇二二年十二月十六日（https://www.kantei.go.jp/jp/101_kishida/statement/2022/1216kaiken.html）二〇二三年七月十八日閲覧。「第二百十一回国会　参議院予算委員会会議録第五号」二〇二三年三月六日、一二頁。
11　西村熊雄「安全保障条約論」西村『シリーズ戦後史の証言　占領と講和⑦　サンフランシスコ平和条約・日米安保条約』（中公文庫、一九九九年）四七－四八頁。坂元一哉『日米同盟の絆――安保条約と相互性の模索　増補版』（有斐閣、二〇二〇年）iii頁。
12　「佐藤栄作総理大臣とリチャード・M・ニクソン大統領との間の共同声明」一九六九年十一月二十一日、データベース「世界と日本」（https://worldjpn.net/documents/texts/docs/19691121.D1J.html）二〇二三年七月十八日閲覧。「ナショナル・プレス・クラブにおける佐藤栄作内閣総理大臣演説」一九六九年十一月二十一日、データベース「世界と日本」（https://worldjpn.net/documents/texts/exdpm/19691121.S1J.html）二〇二三年七月十八日閲覧。

13　添谷芳秀『入門講義　戦後日本外交史』（慶應義塾大学出版会、二〇一九年）一〇二頁。

14　河原仁志『沖縄50年の憂鬱――新検証・対米返還交渉』光文社新書、二〇二二年）一四二頁。

15　「国防の基本方針」一九五七年五月二十日、データベース「世界と日本」（https://worldjpn.net/documents/texts/JPSC/19570520.O1J.html）二〇二三年七月二十四日閲覧。

16　「丸山昂氏インタビュー　1996年4月12日」The National Security Archive, The U.S.-Japan Project, Oral History Program（https://nsarchive2.gwu.edu/japan/maruyama.pdf）二〇一九年九月二十二日閲覧。

17　渡辺徳義編『防衛開眼第6集　80年代危機のシナリオと対応』（隊友会、一九八〇年）一九一頁。

18　『読売新聞』二〇二三年五月六日。

凡例

・引用文中の〔　〕は筆者による補足であり、〔中略〕は筆者による省略を表す。
・本文中に付された傍点は、すべて筆者による。

日米ガイドライン——自主防衛と対米依存のジレンマ

目次

日米ガイドライン——自主防衛と対米依存のジレンマ

第一章　せめぎ合いから日米安保中心路線へ
――78ガイドライン

ホワイトハウスで会談に入るニクソン米大統領と佐藤栄作首相（1969年11月19日、写真提供：毎日新聞社）

1　自主防衛の台頭

ニクソン・ドクトリンと米軍削減

一九六九（昭和四十四）年七月二十五日、リチャード・ニクソン米大統領は月面着陸の任務を終えて帰還したアポロ一一号の搭乗員らを太平洋の米軍空母上で迎えた後、米領グアムで記者団と懇談し、次にように述べた。

域内の安全保障や軍事防衛の問題については、アジアの諸国民自身が次第に処理し責任を担うようになると期待する権利を、米国は有していると強調したい。[1]

一九五七年十月にソ連が史上初の人工衛星「スプートニク一号」の打ち上げに成功し、その科学技術力で世界を驚愕《きょうがく》させた「スプートニク・ショック」以来、米国は宇宙開発に心血を注いだ。人類初の月到達というアポロ一一号の偉業は、科学史上の画期であっただけではない。それには、ソ連との競争で米国がついに先行したことを世界に知らしめる政治的意義があった。

しかし、米国は当時、宇宙空間での華々しい成功とは対照的に、地上で重苦しい圧力にさらされていた。ベトナム戦争の泥沼化と、「力の限界」という厳しい現実を突き付けられていたのである。民主党のリンドン・ジョンソン政権による本格的な地上部隊派遣を経て、「米国の戦争」となったベトナム戦争の戦局は、一九六八年一月末の共産主義勢力によるテト攻勢を機に転換した。米軍自体は大きな打撃を受けなかったが、南ベトナムの首都サイゴン（現ホーチミン）の米大使館の一部が一時占拠され、米国民に衝撃を与えた。[2]米国では反ベトナム・反ジョンソンの嵐が吹き荒れ、ジョンソンは、この年の大統領選への出馬断念に追い込まれた。

選挙で勝利したのが、ベトナムからの「名誉ある撤退」を唱えた共和党のニクソンだった。ニクソンは大統領就任から五ヵ月後の一九六九年六月、南ベトナムのグエン・バン・チュー大統領と会談し、米戦闘部隊二万五〇〇〇人を三十日以内に引き揚げると伝えた。[3]これを受け、七月上旬には米地上部隊の第一次撤退が始まった。

「グアム・ドクトリン」と呼ばれ、後の「ニクソン・ドクトリン」の原型となった冒頭のニクソン発言は、[4]この直後のものだ。米軍の負担を南ベトナムに肩代わりさせる「ベトナム化」の方針の表明だったと言えよう。

そして、「アジア諸国民の責任」を強調するニクソン・ドクトリンの狙いは、ベトナム戦争の終結にとどまらなかった。ニクソンが示したのは、戦争で疲弊した米経済を立て直すために軍事負担を軽減し、同盟各国に責任の分担を求めるという基本原則である。この帰結として、ニクソン政権はアジア地域でより広範な米軍兵力の削減を目指すことになった。

第一章関連年表

年	月	事　　項
１９６９	3	珍宝島（ダマンスキー島）で中ソ武力衝突
	7	ニクソン米大統領、グアム・ドクトリン発表
１９７０	1	第三次佐藤内閣発足、中曽根防衛庁長官就任
	2	日本、核拡散防止条約（ＮＰＴ）署名
	6	日米安保条約自動継続
	10	第一回防衛白書発表
１９７２	1	佐藤・ニクソン共同声明、沖縄返還・基地縮小で合意
	2	第四次防衛力整備計画の大綱（四次防大綱）を国防会議・閣議決定
		ニクソン訪中、米中共同声明発表
	9	田中首相訪中、日中国交正常化
１９７３	1	ベトナム和平協定署名
	2	防衛庁「平和時の防衛力」発表
	3	米軍、ベトナム撤兵完了
１９７５	4	サイゴン陥落
	10	ポスト四次防に向けた「第二次長官指示」
１９７６	6	ＮＰＴ、日本について発効
	7	防衛協力小委員会（ＳＤＣ）設置
	10	「防衛計画の大綱」（５１大綱）国防会議・閣議決定
	11	ＧＮＰ１％枠、国防会議・閣議決定
１９７７	8	防衛庁、有事法制研究を開始
１９７８	8	「日米防衛協力のための指針」（７８ガイドライン）を日米安保協議委員会で了承。国防会議で審議の上、閣議で報告され了承。
	12	大平内閣成立
１９７９	1	米中国交正常化
	2	イラン・イスラム革命
	12	ソ連、アフガニスタン侵攻
１９８０	1	海上自衛隊、リムパックに初参加
１９８２	11	中曽根内閣成立、谷川防衛庁長官就任
１９８３	3	レーガン米大統領、戦略防衛構想（ＳＤＩ）発表

対象となった地域の一つが、一九五三年の朝鮮戦争休戦後、アジアにおける共産主義への防波堤の一部と位置付けられてきた韓国だった。ニクソン政権は七一年、在韓米軍の二個歩兵師団のうち一個師団を引き揚げ、その後民主党のジミー・カーター政権も撤退を模索したのである。

アジアでの米軍削減はまた、ニクソンとヘンリー・キッシンジャー国家安全保障問題担当大統領補佐官が推し進めた、冷戦構造の再編戦略の一翼も担っていた。すなわち、ソ連と激しく対立していた中国に接近すると同時にソ連とのデタント（緊張緩和）を進め、張り詰めた糸のように緊迫していた国際情勢を落ち着かせるという構想である。

ニクソン政権はアジアでの米軍削減に、中国を主な脅威とは見なさないというシグナルとしての役割を期待した。[5] 削減は中国側の疑念を解いて近づくための手段であり、中国との関係を梃子《てこ》にソ連を牽制《けんせい》し、デタントを導くという遠謀の道具だった。

一方、中国も米国との関係改善に価値を見いだしていた。中国は一九六〇年代を通じソ連との対決姿勢を強め、ニクソン就任直後の六九年三月には、中ソ国境のウスリー川上の珍宝島（ダマンスキー島）でソ連と軍事衝突するに至った。ソ連の脅威への対処と国際的孤立の打開が喫緊の課題となる中で、中国にとっても、米国への接近はソ連を抑止する上で有用だったのである。

高まる「自立への欲求」

こうした世界規模の戦略環境の変化は、当然日本にも影響を与えた。米国が中国との和解とデタントを通じ、より制約の少ない外交・安全保障政策を展開できるようになったのと対照的に、日本にとって新たに出現したアジアの安保環境は、必ずしも好ましいものにはならなかった。米軍のベトナム撤退と一九七五年四月のサイゴン陥落、在韓米軍の縮小は、軍事面で米国に依存していた日本に不安をもたらしたのだ。

折しもソ連は一九七〇年代半ば以降、弾道ミサイル潜水艦や中距離弾道ミサイルの配備を通じ、極東での軍事力を増強した。[6] 七〇年代後半は、米国のプレゼンス低下と同時にソ連のアジア進出の可能性が高まり、その極東戦力が以前より強く意識されるようになった時代だった。

一連の状況が、日本を米国との関係強化に向かわせたとみる向きは多い。国際政治学者の土山實《つちやまじつ》男《お》は、ニクソン・ドクトリンやデタントを契機に、日本が米国に「捨てられる不安」を抱き、結束の強化を迫られた結果、七八年に米国との間で軍事面の共同対処行動を定めた「日米防衛協力のための指針」（78ガイドライン）を取りまとめることになったと分析した。[7] 村田晃嗣《むらたこうじ》も、在韓米軍の撤退政策に着目し、日本はこれを米国のアジア離れの兆候と捉えて懸念を募らせ、対米防衛協力に突き動かされたと説明する。[8]

さらに、環境の変化という構造力学は、米国を引き留めようとする衝動を日本にもたらすにとどまらなかった。米軍のアジア離れへの危惧は日本の指導者に自助努力の必要性を強く意識させ、日本国内で、自らの身は自らで守るという自主防衛の論理が高揚したのだ。[9]

戦後日本の防衛政策は、講和独立期に政権を担った吉田《よしだ》茂《しげる》首相が一九五〇年代に確立した軽武装・経済重視の基本路線に沿って展開してきた。経済復興優先、防衛費の急増抑制、国土防衛における米軍への依存――を特徴とする「吉田路線」は当初、復興を果たすまでの過渡的政策という性格を持っていた。これが「日本が準拠すべき指針」として固定化し「吉田ドクトリン」へと昇華したのは、六〇年代前半の池田勇人《いけだはやと》政権の時期だとされる。[10] 池田が経済成長と国民生活の向上を通じ国内政治の安定を図り、左右両極の分断をもたらしかねない安保政策に手を付けることに消極的だったためである。

しかし、この間も国防において自国の主体性を確保したいという意識は伏流水として存在し続け、米軍のプレゼンス低下の可能性が浮上した一九六〇年代末以降、それまでより明確な形を伴って現れてくる。例えば、「現実主義者」の気鋭の論客として言論活動を展開していた高坂正堯《こうさかまさたか》は六九年、雑誌『中央公論』六月号に発表した論文で、以下のように主張した。

日本は自立への欲求を持っていたけれども、日本の力の無さの自覚から、それを行動に移すことには慎重であった。アメリカへの従属ということを決まり文句のように口にしながら、アメリカとの協力を基軸とする政府の外交政策を基本的には支持しつづけた。〔中略〕いまや自立への欲求がいっそう強まっただけでなく、それを現実のものにする可能性が現われ、そして国際関係の変動がそれを要請するようにさえなった。それはなによりも、中立論について自衛中立の議論が強まり、非武装中立論よりも多くの支持者を得つつあるという事実に現れているであろう。[11]

高坂自身は、「自立への欲求」を「好ましいものであり、貴重なものである」と評価しつつ、[12] それが米国との軍事協力関係の弱体化を招く可能性を検討する必要があると説いた。「自衛中立論」がはらむリスクを正確に把握していたのだ。

一九七〇年代、日本は直線的に米国との関係強化に向かったのではない。日本はむしろ、「自立への欲求」と日米安保体制をどう調和させるかという課題に取り組むことになったのである。78ガイドライン策定の経緯を追う上でも、「自主防衛をより求めるか、日米安保中心主義で行くか」[13]で揺れた当時の状況を吟味しなければならない。

中曽根構想の挫折

一九六〇年代末から七〇年代前半にかけて日本の自主性を追求した政治家の代表は、七〇年一月に佐藤栄作政権下で防衛庁長官となった中曽根康弘《なかそねやすひろ》だ。中曽根は「自主防衛を強化したいという目的があり、かつ安全保障の日米間のギリギリの線を知らなければ総理の資格はないと自覚して、佐藤総理に志願して防衛庁長官に就任した」と振り返っている。[14] 中曽根の所信を端的に示しているのが、同年三月の自由民主党安全保障調査会での発言であろう。

日本自体が固有の、日本本位に立った防衛戦略を持ち、アメリカと機能を分担調整するという形にならなければならない。幸いに、今はアメリカは引き潮であり、日本人の意識は満ち潮である。そこで従来のような漠然たる対米期待や無原則的な依存の形から脱却し、任務分担を明確にし、日米が実質的にも対等の立場に立つ必要がある。[15]

中曽根は、ベトナム戦争や「グアム・ドクトリン」、米軍基地の周辺住民への騒音や米軍絡みの事故を受けて当時浮上していた「基地公害」問題などを背景に、[16] 自主防衛を基軸とし日米安保体制をもって補完するとの「中曽根構想」を掲げた。[17] 自主防衛を主役に据え、米国と対等の関係を築くべきだと説いたのである。

中曽根構想を具体化したのが、一九七一年四月に防衛庁が発表した第四次防衛力整備計画（四次防、対象期間は七二年度〜七六年度）の原案だった。防衛力整備計画は、第二次大戦後の日本の長期軍備計画である。岸信介政権下の五七年に「国防の基本方針」の決定に合わせて策定された第一次防衛力整備計画（一次防、五八年度〜六〇年度）にはじまり、二次防（六二年度〜六六年度）、三次防（六七年度〜七一年度）が取りまとめられ、三次防の終了を見越した四次防の策定は、中曽根が率いる防衛庁にとって、最大の懸案の一つだった。中曽根は四次防の検討に並々ならぬ意欲をもって臨み、総額五兆一九五〇億円（ベースアップによる人件費増加を入れると五兆八〇〇〇億円）の四次防原案は、新型国産戦車の導入、ヘリコプター搭載大型護衛艦の建造をはじめとする対潜能力の強化、主力戦闘機の更新などを柱とする野心的な計画となった。実現すれば、総額は三次防の二・二倍に達し、日本の防衛費が世界一二位から六、七位に跳ね上がる計算だった。[18]

ところが中曽根は、七一年七月五日の内閣改造で自民党総務会長に転じる。直後の同十五日には、ニクソンが全米向けのテレビ演説で、翌年五月までに訪中すると突然明らかにし、頭越しの米中和解という日本の悪夢が現実のものとなった。ニクソンはさらに一ヵ月後の八月十五日、金・ドルの

表１－１　1975年度の国防費上位20ヵ国

国　名	順位	国　防　費（1975年度）		１人当たり国防費（1975年度）	国防費の対GDP比（1974年度）	国防費の対歳出予算比（1975年度）
		百万ドル	億円	ドル	%	%
ソ連	1	103,800	307,248	409	10.6	—
アメリカ	2	92,800	274,688	430	6.0	26.6
西ドイツ	3	16,260	48,130	260	3.6	24.7
中国	4	4,000 ～15,000	11,840 ～44,400	4～19	—	—
フランス	5	12,250	36,260	233	3.4	19.1
イラン	6	10,405	30,799	314	9.0	28.3
イギリス	7	10,360	30,725	184	5.2	10.8
サウジアラビア	8	6,343	18,775	712	15.0	20.0
エジプト	9	6,103	18,065	163	22.8	42.0
日本	10	4,484	13,273	41	0.9	6.2
イタリア	11	4,220	12,491	76	2.8	8.6
イスラエル	12	3,503	10,369	1,043	32.0	37.6
カナダ	13	2,960	8,762	129	2.0	11.0
オランダ	14	2,936	8,691	215	3.4	11.4
インド	15	2,660	7,874	4	2.8	21.1
スウェーデン	16	2,475	7,326	291	3.6	10.5
東ドイツ	17	2,333	6,906	137	5.4	7.9
オーストラリア	18	*2,331	*6,900	*179	3.2	*12.8
トルコ	19	2,200	6,512	55	3.7	26.6
ポーランド	20	2,170	6,423	65	3.6	7.0

（注）
1、資料は、ミリタリー・バランス（1975～76）による。
2、本表の各年度の数字は、当該年に始まる会計年度のものである。なお、アステリスクは74年度である。
3、ソ連の国防費は、公表国防予算に連邦科学予算の75％を加えたものである。
4、NATO諸国の国防費は、NATO定義により統一された概念のものである。
5、中国の国防費は、各種推定の最低額と最高額である。
6、円換算率は、１ドル＝256円である。

出典：『日本の防衛――防衛白書 1976年版』

第四次防衛力整備計画（対象期間1973年度～76年度）が原案通り認められれば、日本の防衛費は世界６、７位になるはずだったが、結果として75年度の防衛費は世界10位にとどまった。

一時交換停止を発表した。これにより、日本経済の先行きへの不安も高まることになった。

ニクソンの二度にわたる発表は「ニクソン・ショック」と称され、世界に衝撃をもたらした。一方で、訪中発表は、冷戦下の国際情勢を好転させる転機にもなった。防衛庁内では、極東の緊張緩和が一層進み、「防衛力整備のテンポをスローダウンしても特に支障がない」という認識が広がったのである。[19]

牽引役である中曽根の退場とニクソン・ショックにより、中曽根構想は骨抜きとなった。一九七二年二月に閣議決定された、四次防の基本方針（四次防大綱）からは自主性追求の部分がほぼ消え、[20]これをもって中曽根構想も挫折したのだ。[21]

中曽根構想の不発に関しては、自主防衛の頓挫に加え、日本の防衛政策の枠組みにおいて、軍事的合理性を追求することの限界を浮き彫りにしたという側面にも留意する必要がある。結論を先取りすれば、同構想の挫折は、「所要防衛力」という防衛力整備の基本的考え方を問い直す契機となった。

どういうことか。所要防衛力とは、起こり得る有事を想定し、どの程度の兵力・装備が必要かを逆算するという発想だ。[22]軍事上、合理的であり、防衛庁・自衛隊内では、朝鮮半島有事やソ連の脅威を念頭に、所要防衛力の算定根拠となるケーススタディが行われていたようだ。[23]中曽根構想も、所要防衛力の「最たるもの」と評される。[24]

だが所要防衛力という考え方は、反軍的色彩が濃い世論や財政力といった制約を考慮に入れていなかった。アジア地域が軍拡局面に入れば、所要防衛力は理屈上、相手の軍事力の伸びに比例して膨れ上がらざるを得ない。これが、軍拡を招来するという世論の反発や、際限のない防衛支出を強いられかねない財政当局の警戒心を呼び覚ました。

中曽根構想が骨抜きとなった最大の理由も、米中和解の機運の中で、同構想が想定する所要防衛力は過大だと政府内で受け止められたことにあった。防衛庁内では以降、所要防衛力に代わる防衛力整備の基本方針を追求する動きが浮上する。

2 防衛大綱の誕生

久保卓也と「基盤的防衛力構想」

中曽根が表舞台を降りてから、自主防衛と日米安保体制の調和に向けた議論を主導したのは、防衛官僚の久保卓也《くぼたくや》だった。久保は、政治・経済を含む幅広い文脈から安全保障を捉える「理論好き」として知られ[25]、一九七〇（昭和四十五）年十一月に防衛局長に就任して以降、幹部として中曽根構想の具体化に努めた。並行して自身の考えも整理し、「KB個人論文」と呼ばれる一連の文書を庁内に配布した。

このうち四次防原案の発表前にまとめられた「防衛力整備の考え方」と題する論文は、最初の体系的な考察である。同論文はまず、核抑止力と敵基地攻撃能力について日本は「米国の力に依存せざるを得」ないことから、「国際緊張が続く限り、何等かの形での日米安保体制が必要である」と日米安保体制の意義を強調した。[26] その上で、自主防衛に関し「日本の自助努力がなされないのに、米国民は自分の生命と資源を他国のためになげうつ気にはなり難いであろう。〔中略〕米国の支援をより確実ならしめるので、日米安保体制を強化することになるといえよう」と評価しつつ[27]、防衛力整備をめぐり次のように論じた。

　プロバブルな事態の成起《ママ》が予想されるようになれば防衛力を拡充することになろうから、その場合に備えて基盤ないし骨幹となる兵力を保有し、運用研究、訓練を行っておく。〔中略〕わが国周辺諸国の将来におけるその時々の脅威（軍事的能力）に対応する防衛力（有事所要兵力）またはそれに近いものは、〔中略〕防衛費をある程度ふやした程度では常に達成することができない。つまり常態においてポシブルな脅威（軍事的能力）に対し必要にして十分な防衛力をもつことは殆んど不可能に近い。[28]

注釈すると、「ポシブルな脅威」とは、理論上はあり得るものの、当面実体化する可能性が低い潜在的脅威のことで、「プロバブルな事態」とは、差し迫った危険を指す。つまり久保は、潜在的脅威に対応した防衛力を整備しておくことは財政上、不可能であり、平時には「基盤ないし骨幹となる兵力」を有していれば十分だと主張した。事態が差し迫った場合は、「基盤ないし骨幹となる兵力」を拡充して対応できるという理屈である。脅威に応じた防衛力整備を掲げた所要防衛力に、懐疑的な見方を示したと言える。

久保はさらに、四次防がつぶれていく過程を「反省材料」に[29]、「脱脅威」の独自の防衛力整備構想を精緻化していく。一九七四年六月の論文「我が国の防衛構想と防衛力整備の考え方」では、「基盤的防衛力」という言葉を初めて使った。[30]久保はこの中で、所要防衛力に関し「平時における防衛力整備の考え方としては、既に破綻している」と踏み込み、規模ではなく質を重視した「平時における必要最小限の防衛力」として、基盤的防衛力の整備に努めるべきだと主張した。[31]

基盤的防衛力の内容としては、防衛上の各種機能に欠ける要素がなく、日本全域をカバーし、軍事技術の進歩に遅れることのないよう研究開発と装備の近代化が図られ、内容的に抵抗力として有効であるもの、と規定した。[32]キーワードである「抵抗力」とは、侵略してきた相手に短期間で屈服せずできるだけ多くの犠牲を強い、戦争の長期化を予想させる防衛力と定義される。今日の「拒否的抑止力」の概念に近い。[33]

同論文はまた、緊張時には「防衛力を戦闘即応体制に拡充整備し、配備する」とうたった。[34]平時から有事への兵力拡大、いわゆるエクスパンション論である。

久保が抱いていたのは、日本の状況を考えると、財政的に達成困難な所要防衛力を追求するより、抑制的な防衛力整備に徹するほうが国民の理解を得やすいという計算だ。[35]政府の財政状況は、一九七三年秋以降のオイルショックとその後の「狂乱物価」で悪化していた。基盤的防衛力は、防衛費が増え続けることへの世論の懸念、裏返せば「防衛力の限界設定という国内の強い要請」を意識した概念だった。[36]

そしてそれは、日本を巻き込む米ソ間の「熱戦」や大規模侵略の可能性は低いという「デタントを基調とする見方」によって正当化されていた。[37]国家存亡の危機を迎える蓋然性に乏しい以上、無理をして平時から最悪の有事に備える必要はないというのだ。さらに言えば、有事になれば、エクスパンション論によって所要兵力を得ることができる。

時にかたくなで自説に固執しがちな久保は、特異な個性を備えた官僚だった。兵庫県に生まれ、貿易関係の新聞を発行していた父の仕事を手伝いながら私立灘中に進んだ。[38] 戦時中の一九四三年に内務省入省後、大卒者らエリート層を後方支援系の海軍士官として短期間採用する「短期現役士官制度」を利用して海軍士官となり、四四年に軍令部第三部第五課に配属された。

第五課は海軍の中枢の軍令部にあって、米州情勢を担当する「極めてリベラル」な雰囲気の部署で、久保は主に米国のメディア報道に基づき情報の収集・分析に当たった。[39]「理論好き」という久保の特性は海軍勤務時代に磨かれたのだろう。[40]

戦後、久保は警察組織に身を置き、保安庁、防衛庁で官僚人生を送る。東京都砂川町《すながわ》（現立川市）で一九五五年春から本格化した米軍基地の拡張運動（砂川闘争）では、警視庁警備課長として警備責任を担い、警察に対する世論の厳しさも実感した。五六年十月に警官隊と地元民の衝突で一〇〇〇人以上の負傷者が出た後には、久保は雑誌『文藝春秋』に「警官にも言わせてほしい」と題した論考を寄せ、警察側の苦悩を明かした。[41] 耐えかねたのであろう。

警察時代に久保が学んだのが、政府に対する信頼と民心の安定を確保することの大切さだった。その久保からすれば、国防も国民の理解を取り付けなければ成り立たないはずだった。

ポスト四次防の検討

しかし、国際的緊張の緩和、財政的制約、防衛政策に関する国民の合意獲得の三つを踏まえた久保の「脱脅威論」は、防衛庁内で当初、広範な支持を得ることができなかった[42]。久保の理論が軍事的合理性を重視する制服組の反発を招いたことは当然として、久保のお膝元である防衛課など防衛庁内局（内部部局）でも、脅威を想定しなければ、整備すべき防衛力の量の算定根拠を提示できず、防衛力整備の実務に使えないという認識が共有されていた[43]。

それでも、際限のない防衛力の拡大を嫌った田中角栄《たなかかくえい》首相の指示を受け、防衛庁が久保を中心に、所要防衛力とは異なる「平和時の防衛力」の意義や性格をまとめ、国会で発表したこともあった[44]。ところが共産党をはじめとする野党が、そこで示された水準までは防衛力を認めることになってしまうとの理屈で反対を唱え、政府はすぐにこれを撤回する羽目になった[45]。

久保は、基盤的防衛力を打ち出した二本目の論文配布翌月の一九七四年七月、防衛局長から防衛施設庁長官に転じ、防衛政策立案の第一線から外れた。基盤的防衛力構想が防衛力整備の中核概念として浮上するのは、ハト派の坂田道太《さかたみちた》が同年十二月、三木武夫《みきたけお》内閣の防衛庁長官に就任し、四次防の計画期限（七六年度）後の新整備計画（ポスト四次防）の検討を本格化させてからである[46]。

坂田はまず、「国民各界各層の良識をあらかじめ汲み上げる」ため[47]、有識者による諮問機関「防衛を考える会」を設置した。駐米大使などを歴任した牛場信彦《うしばのぶひこ》・外務省顧問や高坂ら十一人で構成された同会は、一九七五年六月まで計六回会議を開き[48]、九月に「討議のまとめ」を公表した。「討議のまとめ」は、久保構想と基調を同じくしていた。すなわち、日本の防衛力は、相手に侵略のコストが高くつくことを認識させ、躊躇《ちゅうちょ》を強いる効果を期待できる「防止力」を保持していれば十分で、米国による核抑止を考慮すれば「そんな強大なものでなくてもよい」[49]。このため「質の向上に重点をおいた」防衛力構築へと目標を転換し、「平時には少数精鋭部隊をもっていて、情勢に応じてこれを有事に必要な防衛力に拡充」できる体制にすべきだとの認識を示した[50]。久保論文中の「抵抗力」は「防止力」に名を変え、かつエクスパンション論も盛り込まれた。

「討議のまとめ」が久保構想と似た内容になった背景には、まとめの作成で中心的役割を果たした高坂と久保の親交もあっただろう[51]。高坂は一九七二年の久保との対談で、抵抗力の概念を導入すべきだと主張していた[52]。久保がその後、七四年にまとめた論文で基盤的防衛力を唱え、抵抗力というキーワードを用いたのは、前述の通りである。

基盤的防衛力構想が高坂の考えの影響を受けて練られたことはほぼ間違いない。逆に言えば、高坂が作成を主導した「討議のまとめ」が、基盤的防衛力構想と近い中身になったのは、偶然ではなかったのである。

五ヵ年計画から防衛大綱へ

久保は一九七五年七月、防衛施設庁長官から防衛事務次官に転じて政策検討の中心に復帰し、坂田は「考える会」が結論を取りまとめていた間、久保、丸山昂防衛局長、統合幕僚会議議長、陸海空の各幕僚長らを集め、「フリートーキング」と称して自身の前で防衛力整備について議論させた[53]。この結果、「討議のまとめ」の公表から約一ヵ月後の同十月末に、「考える会」の議論も踏まえて、ある内部文書がまとめられた。ポスト四次防策定に向けた作業の指針となる「第二次長官指示」である。[54]

第二次長官指示は、ポスト四次防の目標として「常備すべき防衛力」の整備を掲げ、その内容について「防衛上必要とされる各種の機能及び組織を備え、配備においても均衡のとれた基盤的なもの」と定めた。久保が基盤的防衛力と呼んできたものを大枠で採用した表現だった。

坂田が基盤的防衛力構想に目を向けた背景には、防衛政策をめぐる基本的立場を久保と共有していたことが挙げられるだろう。坂田は「考える会」での議論を経て、「憲法で許される範囲内で、最小限度の防衛力を整備して、軽武装国家を目指す」との結論に達した。[55] 久保が「平時における必要最小限の防衛力」と位置付けていた基盤的防衛力は、坂田の考えと符合していたのだ。

久保が警察官僚時代、砂川闘争に直面し、政府に対する国民の強い不満を実感したように、坂田も防衛庁長官に先立って文部大臣を務め、大学紛争に対処した経験を持っていた。「国民の理解と支持と協力」がなければ防衛力は真の力となり得ないと考えた坂田と、[56] 国防に関する国民の理解を重視した久保とは、相性も良かったであろう。坂田は後に、「四次防の後に「国民に分かりやすく、過大でも、過小でもない防衛力の構想をどうやってつくるか」という難問を抱えた。私は、久保卓也次官の提唱していた『平和時の防衛力の限界』という考え方を取り上げた」と振り返っている。[57]

ただし、庁内の議論やフリーディスカッションでは、久保と制服組の間で埋め切れない溝も残った。[58] 制服組が、久保の「脱脅威論」に強く反発したのである。このため、坂田が第二次長官指示の中で整備目標として掲げた「常備すべき防衛力」も、脱脅威論を全面的に取り入れた形ではなく、一種の妥協案となった。「小規模の直接侵略事態に対しては、原則として独力で対処し、早期に事態を収拾し得ること」という防衛力整備方針である。

これは、防衛課が久保の次官就任以前から検討してきた、前提とする脅威のレベルを引き下げる「低脅威対抗論」という考え方を反映していた。[59] 脅威を一切考慮しない「脱脅威」ではなく、「小規模の直接侵略事態」という一定の脅威の存在を前提とした点に特徴がある。当時防衛課員だった宝《ほう》珠山《しゅやま》昇《のぼる》は低脅威対抗論について、次のように解説している。

〔前略〕それは久保さんの脱脅威論じゃないわけですよ。〔中略〕周辺の国際情勢、軍事情勢を踏まえて、それに防衛期待度を加味して常備すべき防衛力の量を求めようという考え方ですね。〔中略〕これは幕僚長なども受け入れられるわけですよ。[60]

第二次長官指示は、事実上、新たな防衛力整備計画の骨格となった。内局と制服組は、おおむねその内容に沿って約一年にわたり作業を行い、一九七六(昭和五十一)年十月二十九日に、四次防までの五ヵ年計画に代わる「防衛計画の大綱」(51大綱)が閣議決定された。

防衛政策史の研究者である千々和《ちぢわ》泰明《やすあき》によれば、ポスト四次防が「五次防」ではなく大綱という形式になった背景には、四次防への防衛庁内の失望があった。四次防は、海上自衛隊の艦艇四分の一以上、航空自衛隊の航空機五分の一以上、陸上自衛隊の戦車約九分の一の整備が、計画未達成のまま終了した。[61] 大蔵省の厳しい査定を経て少なくとも五年間の防衛予算を保証してくれるはずだった四次防は、無残な終幕を迎えたのである。

この結果、丸山ら内局幹部の間で、予算の保証はいらないが査定もやめてほしいという雰囲気が高まった。防衛庁生え抜きのエースと目され、「防衛庁のプリンス」と呼ばれた西廣整輝《にしひろせいき》は、一九七五年九月に防衛課長に就くと、ポスト四次防の起草の実務を担うことになった。そこで西廣が「五カ年計画というよりもなにかお経で過ごそうと思っ」て、つまり手近な言葉として着目したのが[62]、国防会議の諮問事項として防衛庁設置法に明記されていたものの、一度も作られたことのなかった防衛計画の大綱だった。

国防会議は一九五六年設置の首相を議長とする閣僚級の合議体だ。防衛庁設置法によると、首相は国防の基本方針、防衛計画の大綱などを同会議にはからなければならなかった。西廣は、計画期間や所要経費を明示せず、大蔵省の査定を免れることができる新たな長期計画の作成に当たり、大綱の名を借りたのである[63]。

大綱と自主防衛

51大綱は、一定期間内の兵力整備計画という従来の性格を脱し、防衛の在り方に関する全般的指針をも包含した新たな枠組みとなった。

意外なことに、大綱中にはその核であるはずの基盤的防衛力という言葉はなく、冒頭の「目的及び趣旨」で、次のように記されるにとどまった。

わが国が保有すべき防衛力としては、〔中略〕国際情勢及びわが国周辺の国際政治構造並びに国内諸情勢が、当分の間、大きく変化しないという前提にたてば、防衛上必要な各種の機能を備え、後方支援体制を含めてその組織及び配備において均衡のとれた態勢を保有することを主眼とし、これをもって平時において十分な警戒体制をとり得るとともに、限定的かつ小規模な侵略までの事態に有効に対処し得るものを目標とすることが最も適当であり、同時に、その防衛力をもって災害救援等を通じて国内の民生安定に寄与し得るよう配慮すべきものである。[64]

さらに「防衛の態勢」の項目で、保有すべき防衛力について「情勢に重要な変化が生じ、新たな防衛力の態勢が必要とされるに至ったときには、円滑にこれに移行し得るよう配意された基盤的なものとする」と定めた。久保のエクスパンション論を盛り込む中で、「基盤的」という言葉が登場する。基盤的防衛力という言葉こそ用いていないものの、全体として、平時の最小限の防衛力を基盤に有事に備えるという、基盤的防衛力構想を採用したことは明白である。

一方、低脅威対抗論は、「限定的かつ小規模な侵略については、原則として独力で排除する」との侵略対処方針を打ち出す形で、大綱に取り込まれた。いわゆる「限定小規模侵略独力対処」の概念である。平時における最小限の防衛力、つまり基盤的防衛力とはどの程度の能力なのかという問いへの答えとして、限定小規模侵略独力対処が明記されたと言ってよい。

だが、これが防衛力の算定基準として役に立ったかどうかは、疑問である。そもそも「限定的かつ小規模な侵略」が何であるか、明確な見解があったわけではなかったからだ。

例えば、一九七六年三月まで海上幕僚監部防衛部長だった大賀《おおが》良平《りょうへい》は、「小規模とは何ぞやとい

う と誰も解らなかった」と証言している。[65] 大賀によれば、限定小規模侵略に関し陸自は北海道への二個師団規模のソ連の上陸侵攻を、海上自衛隊は中東でのソ連の侵略をきっかけとした世界規模の紛争発生に伴う朝鮮半島有事を、思い描いていたというのだ。

結局、具体性を欠いた修辞だった限定小規模侵略独力対処は、基盤的防衛力構想と矛盾しない論理として、主に制服組の間で根強かった「脱脅威」への警戒を和らげたという点が重要だろう。これにより、所要防衛力の考え方に基づく防衛費の増大を抑え、防衛力の限界を設定しつつ、制服組の異論をも抑えることができたのである。

では、51大綱と基盤的防衛力構想は、自主防衛と日米安保体制の調和という時代の要請にはどう応えたのだろうか。この点に関しては、防衛問題の理論誌『国防』一九七六年八月号に久保が寄せた「防衛白書あとがき——私見」と題した論文を引用して解説に代えたい。

〔基盤的防衛力構想は〕日米安保体制の意義を再評価して、それが信頼性のあるものである限り、今日の国際情勢ではわが国に対する大規模な侵略は考え難く、反面、奇襲的な小規模侵略は否定し難いから、この程度のものは、おおむねわが国独自の力で対処し得るよう有事即応性を持たせようとするものである。従ってこの構想は、日米安保体制に支えられているとはいいい条、むしろわが防衛力の自主性を高めるものとして発想されている。[66]

久保は同論文で、「日本の安全と発展の上からいっても同条約〔日米安保条約〕が不可欠のものであることはいうまでもなく、今日の情勢下において日米安保体制なしには日本の信頼性のある防衛構想を考えることはできない」と強調することを忘れていない[67]。大綱も、限定小規模侵略独力対処の方針を示した直後に「侵略の規模、態様等により、独力での排除が困難な場合にも、あらゆる方法による強じんな抵抗を継続し、米国からの協力をまってこれを排除することとする」と付言している。久保の視点に立てば、51大綱ないし基盤的防衛力構想は、日米安保体制を前提としながら、自主防衛にも十分配慮しているのである。

こうした見方に対しては、反論もある。千々和は内局・制服組双方の関係者の証言を丹念に追い、限定小規模侵略独力対処はあくまでも防衛力整備のための概念であり、現実の有事では「仮に侵略規模が限定小規模にとどまるものであっても日米安保条約は発動されるはずである」とする考えが一般的だったと指摘する[68]。従って、「限定小規模侵略独力対処は「独力」とはいいながら、自主防衛論としてとらえられるような性格のものではない」と断じるのだ[69]。限定小規模侵略独力対処は防衛力整備の目的と水準を定めるのに必要な、いわば方便であって、実際に自衛隊が米軍抜きで戦うことなど想定されていなかった、ということであろう。

大綱作成の実務に当たった内局・制服組関係者の間に、そういう理解があったことは確かだ。しかし、一方で、久保の説明も無視はできまい。

51大綱は、従来の五ヵ年計画に代わって、より詳細な国際情勢認識や防衛構想を示した包括的な政策構想である。防衛力整備の実務のための文書という性格とともに、実務を超えた理念の部分にも着目する必要があろう。

51大綱の作成作業の最終盤に防衛課に配属され、後年、内閣官房副長官補を務めた防衛官僚の大森敬治《おおもりけいじ》は、限定小規模侵略独力対処を含む大綱中の防衛構想について「独立国としての国防の基本方針である」と振り返っている。[70] 51大綱は、防衛力整備の限界を設定し、日米安保体制と整合性を図りつつ、限定戦争を対象に自主防衛を目指したものと総括できるのである。[71]

GNP一%枠

51大綱は、一九七九年のソ連によるアフガニスタン侵攻を機に米ソ新冷戦が到来して以降も、九五年の改定まで約二十年にわたりそのままであり続けた。基盤的防衛力構想の廃止に至っては、二〇一〇年の大綱（22大綱）においてだ。かくも長きにわたって国防に関する基本文書であり続けた51大綱の決定は、日本の安保政策の歴史上、重大な画期であった。

それにもかかわらず、51大綱の決定過程では、防衛庁以外の積極的関与は認められなかった。自己抑制的な基盤的防衛力構想に対し、自民党タカ派からも異論は出なかった。

大綱作成作業が進んだ一九七六年は、ロッキード事件の捜査開始をきっかけに猛烈な権力闘争が繰り広げられた年だ。田中角栄の逮捕、事件の徹底究明を掲げる三木政権の退陣を目指した自民党内の「三木おろし」と、政局は大混乱に陥り、自民党には政策論議を交わしている余裕などなかったのである。

結果として、防衛庁は政治の介入をほとんど気にせずに大綱を作成できた。坂田は後に、三木おろしへの関心集中という状況を「うまく利用し」、大綱を「でっち上げた」と回顧している。[72]

ただし、政治不在のまま進んでいた大綱の策定過程の終盤で、首相官邸が関心を示した問題が一つある。ハト派の三木首相が、倒閣運動のさなかにあって、防衛費を国民総生産（GNP）の一％以内とする「GNP一％枠」を持ち出したのだ。

防衛庁として、GNP比一％という数字にさほど違和感があったわけではない。しかし坂田は、厳密に一％以下と定められることを嫌った。大蔵省は大綱と同時にGNP一％枠を決定しようと試み、大綱の閣議決定前の国防会議では、一％「以内」でなく一％「程度」の目安とすべきだと主張する坂田と大平正芳《おおひらまさよし》蔵相との間で激論となった[73]。

GNP一％枠は結局、各年度の防衛費は「国民総生産の100分の1に相当する額を超えないことをめど」とするとの表現で折り合い[74]、大綱決定から一週間遅れで閣議決定された。「超えないことをめどとして」とは奇妙な日本語であり、丸山は「我々（防衛庁）は強姦されてこんな格好になるので、いかに不自然であるか、かえって証拠を残した方がいい」と考えて放置したと証言している[75]。

もっとも、GNP一％枠の議論は例外だった。政争に精力を注ぎ込まざるを得なかった三木が、51大綱の内容の詳細に口を出すことはなかった[76]。三木にとって、それが抑制的な防衛力の整備構想である限り、違和感がなかったということもあろう。一方で、防衛政策に対する国民的合意を目指してつくられた大綱が、活発な議論を経ず、坂田を頂点とする防衛庁内局の主導で決定されたことは、皮肉だったと言わざるを得ない。

そしてこの時期、やはり坂田のイニシアティブにより、対米関係も転機を迎えることになる。日米間の防衛協力の在り方を記した、ガイドラインの策定作業の開始である。

3　日米安保体制との調和

「素人」長官坂田

ガイドラインの起点は、坂田の一九七五（昭和五十）年の国会答弁だった[77]。

社会党の上田哲は一九七五年三月八日、参議院予算委員会で、米海軍と海自の間でシーレーン（海上交通路）防衛に関する秘密協定があるはずだと指摘し、報告を求めた[78]。海域防衛の日米密約を追及したわけだが、坂田は四月二日、秘密協定はないものの、日米間の作戦協力のための海域分担が必要であり、ジェームズ・シュレシンジャー米国防長官を日本に招いて協議し、将来は取り決めの形にまとめたいと述べた[79]。

坂田は上田の質問を「逆手にとって[80]」、防衛協力に関する対米公式協議に入る意向を表明し、協議の目標に掲げた「取り決め」が、ガイドラインにつながるのである。坂田は後に当時の状況を振り返り、「有事の際の作戦協力についてこれまで日米間において何ら話し合うこともなく、また、それにふさわしい機関もないということを知ったのです。私としては、全く意外であり驚きでありました[81]」と綴っている。

実は、「日米間において何ら話し合うこともなく」という表現は正確ではない。自衛隊と米軍は、一九五五年から「連合統合有事計画概要」（ＣＪＯＥＰ）と呼ばれる日本防衛の年次共同計画を策定していたからだ。[82] ただ、ＣＪＯＥＰは「幕僚間の研究」という位置付けでまとめられた、米太平洋軍と自衛隊の間の非公式な計画にとどまっていた。日米両政府の承認もなく、両国の行動を拘束するわけでもない。[83]

坂田も防衛庁長官に就任した直後、統合幕僚会議からＣＪＯＥＰについて説明を受けていた。米軍との共同作戦研究を担う統合幕僚会議第三幕僚室指揮調整班の班員だった源川幸夫《げんかわさちお》によれば、防衛庁本庁六階の統幕会議にあった作戦室で源川のブリーフを受けた坂田は「こんな重要なことをそういう政治的な状況で放置していたというのは、政治の責任だ。これは、ぜひ政治のタイムスケジュールに乗せるようにしよう」と話し、その場で防衛課に担当を命じた。[84] 坂田自身も自著中で、「このような問題〔日米防衛協力〕は、ユニホーム〔制服〕同士の話し合い、研究等にまかせておくのはよくない、これは正々堂々と、シビリアン・コントロールの下に整然と行われるべきものである」との考えを国会で明かしたと説明している。[85]

坂田が源川のブリーフ後に指摘した「そういう政治的な状況」とは、政府が根強い反戦・反軍の風潮を踏まえ、自衛隊と米軍の共同作戦計画に政治的お墨付きを与えるリスクを冒すことを避けてきた実態を指す。源川に言わせれば、内局は日米防衛協力について、「「あんな政治的にいちばん揉めるようなやばい話を、敢えて火中の栗を拾う必要はないじゃないか」というような感覚」で捉えていた。[86]

こうした消極的姿勢には、防衛庁が抱えていたあるトラウマも関係していた。すなわち、一九六五年に国会で起きた「昭和三八年度統合防衛図上研究」（三矢《みつや》研究）の暴露だ。

三矢研究は、第二次朝鮮戦争が発生して日本に波及した場合の自衛隊の運用などを想定した、極秘の図上演習である。とりわけ注目を集めたのが、非常時への対処に必要な「戦時諸法案」に関する部分だった[87]。有事法制の研究に相当するが、当時の野党は、自衛隊が密かに軍政を敷こうとしていると猛烈に批判し[88]、日本社会の反軍主義を高揚させた[89]。

坂田の登場まで、内局も制服組も萎縮《いしゅく》していたと言ってよい。一方、米側にも、部隊運用に関する自衛隊との協力は、太平洋軍のレベルで扱うべき純軍事的問題であったという事情があった。米側でも政治の関与はなかったのである。坂田は就任早々、シビリアン・コントロールの観点からこうした状況は不健全であり、日米双方の政治が関与する形で防衛協力について正式な取り決めを交わすべきだという考えを固めたのだ。

結核のため徴兵を免れ[90]、防衛問題の「素人」を公言していた坂田が[91]、ガイドライン誕生で果たした役割は大きい。坂田は当時、連続当選一二回の自民党文教族の無派閥議員だった。熊本・八代《やつしろ》の干拓地主の家に生まれ、祖父・貞は貴族院議員、父・道男も衆議院議員や八代市長を務めた[92]。東京帝国大学文学部独文科でゲーテを学び、自身を「リベラル」と規定していた坂田の穏健な人物像は[93]、戦前の「名望家」に近い。

その坂田は、「防衛を考える会」での議論などを通じ、防衛の原則として、国民の国を守る気概、憲法の制約下での必要最小限の自衛力の保持、日米安保条約の堅持の三点を掲げるようになった[94]。「必要最小限の自衛力の保持」が51大綱に、「日米安保条約の堅持」が78ガイドラインに結実したことになる。

坂田には、時代が味方していた。まず国際情勢に目を向ければ、一九七五年四月末にサイゴンが陥落し、ベトナム民主共和国（北ベトナム）による南北ベトナム統一が確実になった。日本では、米軍撤収後の南ベトナムの消滅という現実を目の当たりにし、侵略を受けた際の米軍の来援を保証する体制を築かねばならないという危機感が高まっていた。

他方、国内では、七〇年に締結した核拡散防止条約（NPT）の批准問題が浮上していた。これについては、外交史を専門とする板山真弓の研究が詳しい。

それによると、三木政権は発足後、NPT批准に向けた取り組みを本格化させた。だが自民党内の反対派は、日本が米国の核の傘に頼ることができなくなる状況が出現する可能性を排除できないと主張した。NPTは米英仏ソ中以外の核保有を禁じており、万一、批准後に日米安保条約が解消されれば、核武装の選択肢を奪われた日本は丸裸で取り残されるというのだ。このため反対派は批准の条件として、米国から日本防衛への確約を取り付けるよう求めた。[95]

サイゴン陥落とNPT批准問題が米国に見捨てられる恐怖を高め、日米安保体制を強化する必要があるという認識を深めた。板山がジェイムズ・ホッジソン駐日米大使の分析として紹介したところでは、「インドシナで共産主義者が勝利したことと、三木政権がNPT批准に全力を挙げたことが偶然一致したことは、坂田にチャンスをもたらした」のである。[96]

三木、丸山、久保の違い

ガイドライン策定の端緒となった坂田の国会答弁は、質問から答弁まで一ヵ月弱の間があったことからも、アクシデントでなかったことは明白だ。自衛隊と米軍の協力に関する政府レベルの公式な共同計画をつくるという方針は、首相の三木も承認していたとされる[97]。三木は坂田答弁から約四ヵ月後の一九七五年八月上旬に訪米してジェラルド・フォード大統領と会談し、両者は共同新聞発表で、日米安保条約の円滑かつ効果的運用のために取るべき措置について「安全保障協議委員会の枠内」で協議を行うと表明した[98]。

三木は共同発表に当たり、「特に新しいことをやるわけじゃないな。安全保障協議委員会のフレームワークの中で、それ以上、外へ足を踏み出さないんだな」と防衛局長だった丸山に念押しした[99]。日米安全保障協議委員会は、一九六〇年の旧日米安保条約の改定に伴って設置された、安保問題に関する日米間の最高レベルの協議機関である。既存組織であった同委員会の枠内で、という表現に、自衛隊の役割拡大に慎重だった三木の姿勢がにじんでいる。

三木訪米直後の一九七五年八月末には、坂田が待望していたシュレシンジャー米国防長官の来日が実現した。今日の視点では、坂田・シュレシンジャー会談の最大の眼目は日米防衛協力の枠組み構築だが、当時は朝鮮半島情勢が大きな焦点になるとみられていた。サイゴン陥落を受け、朝鮮半島でも米軍撤退とそれに続く北朝鮮による南北統一というシナリオへの懸念が高まっていたからだ。

そこでシュレシンジャーは坂田との会談でまず、「米軍は、朝鮮半島における南北の軍事力のバランスを保持するようにするつもりであるしそのため必要な期間駐留するつもりだし、その後も駐留を続ける必要があるかも知れません」と請け合った[100]。坂田が韓国への米軍の核配備に敏感な日本の世論を踏まえ、「通常兵器のみ」で南北間の軍事バランスは取れているのかと問うと、「その通りです（Yes my judgement）」と坂田を安心させ、米国は引き続きアジアに軍を配置する考えで、そのためには「同盟国の支持が是非必要」だと呼び掛けた。

坂田は日本の防衛の「三つの柱」として、前述の国を守る国民の気概など三点を挙げた上で、「防衛を考える会」の設置や『防衛白書』の年一回刊行など、防衛に関する「国民のコンセンサス」「理解と支持と協力」を得るための四つの方策を説明した。さらに会談後半でようやく持ち出したのが、日米防衛協力についてである。

日米安保条約があるのに、有事の作戦協力について、日米防衛当局の内で何ら話し合うこともなく、それにふさわしい機関がないのは不思議なことだと考えていました。三木・フォード首脳会談の共同新聞発表でも、話し合いの必要性が確認されたところであるが、それを実現したいと思っています。確かに日米のユニフォームの間では、種々研究はなされているようであるが、それを政治家同士の責任者間でやるべきだと思います。

有事の際、整合のとれた作戦行動がとりうるようにしたい。日米双方が夫々《それぞれ》の指揮の下での連絡調整機関も必要であります。自衛隊が米軍に支援を期待していること等も明らかにしたい。そしてこれらのことについて協議する機関を設けること、両長官が少なくとも年一回程度は会談することは必要であると考えます。

坂田がＣＪＯＥＰに満足せず、「政治家同士の責任者間」で有事作戦協力をめぐり協議すべきだとしたのは、文民統制を念頭に置いたものだ。「日米双方が夫々の指揮の下で」と付言した点も重要だ。有事においても日本が自衛隊の指揮権を保持し、北大西洋条約機構（ＮＡＴＯ）や米韓同盟のような米軍との連合軍司令部の設置は想定しないという前提で、作業を進める考えを示唆したものだろう。

坂田の提案にシュレシンジャーは「余りにも説得力があるので、ただ一言結構というだけ」とうなずき、両者は有事の際の効果的な作戦行動の実施に向けた研究、協議の場を設けることで合意した。[101]

シュレシンジャーが満足げに応じたことから明らかなように、米政府は坂田の積極的姿勢を歓迎していた。三木との会談に臨むフォードのためにキッシンジャー国務長官が用意した覚書は、坂田が「米国との防衛協力の強化を公に提案」した点を「希望を持てる展開」と評価している。[102]米政府はインドシナ半島における「米政策の失敗」が日本で安全保障をめぐる論議を誘発したことを承知しており、[103]米国に対する日本の信頼をつなぎ留めるため防衛協力を進めようとした。これには、米国の防衛負担の軽減という狙いもあったし、地域の不安定化につながる日本の軍事力の急激な増大

会談を前に握手するシュレシンジャー米国防長官（左）**と坂田道太防衛庁長官**（1975年8月29日、写真提供：時事通信社）

を統制する意味でも、日本との協議は有益だと捉えられていた。[104]

坂田・シュレシンジャー会談で、新たな協議機関の創設が確定した。これを受け日米両政府は一九七六年七月、「緊急時の自衛隊と米軍の間の共同対処行動」の指針策定に向け、安保協議委員会の下に日米防衛協力小委員会（ＳＤＣ）を設置すると決めた。[105]５１大綱決定の約三ヵ月前のことだ。

ＳＤＣは外務省アメリカ局長、防衛庁防衛局長、統合幕僚会議事務局長、在日米大使館公使、在日米軍参謀長で構成されていたが、日本政府内で日米協議を主導したのは、事務方トップの丸山だった。丸山は５１大綱策定で中心的役割を担った久保同様、内務省出身の警察官僚であり、一九七六年七月、ＳＤＣ創設にタイミングを合わせるかのように、久保の後任の防衛事務次官に就任していた。

防衛庁勤務は通算約七年にすぎず、[106]「外様的存在」だった丸山は、[107]大綱策定には積極的に関与せず、それよりも日米安保体制に目を向けていた。丸山自身は日米協議の必要性を自覚したきっかけとして、一九七四年に訪米した際、モートン・アブラモウィッツ米国防次官補代理（国際問題担当）に「日本の防衛オンチをかなり手厳しく批判され」た経験を挙げている。[108]

丸山と久保の相違は興味深い。後に日米共同作戦について「何もない。空っぽです」と断じた丸山は、[109]米軍と自衛隊の運用面の協力に関心を抱き続けた。これに対し久保は、日米安保体制の枠内という前提ながら、独自の防衛構想の構築に腐心し、日米協議に「当初は全然そっぽを向いていた」。[110]わが道を走る久保は理論家として新機軸を模索し、控え目な個性の丸山は実務家として、国防の基軸であるにもかかわらず、空虚だった日米安保体制の実態を憂慮していた。

二年超にわたった討議

ＳＤＣは、一九七六年八月末の第一回以降、会合を重ね、七八年十月末に開かれた第八回でガイドラインの取りまとめに漕ぎ着けた。二年超という協議期間から分かるように、ガイドラインは難産であった。以下、板山の研究などに基づき、各会合の大まかな流れと、協議の焦点を追っていく。

　まず、会合の流れである。第一回は参加者や議事録の扱いといった手続き事項の話し合いで終わり、一九七六年十月の第二回では、協議の前提をめぐって討議が行われた。日本側がこの際に提案したのが、①日米安保条約に基づく「事前協議」の問題は検討対象としない、②日本防衛における憲法上の制約と非核三原則の順守について米側が了解する、③協議の結論は日米両政府に立法、予算ないし行政上の措置を義務付けるものではない――の三項目だった[111]。

事前協議とは、一九六〇年の旧日米安保条約の改定に際して交わされた「岸・ハーター交換公文」に基づく手続きで、米軍が日本で部隊配置・装備の重大な変更を行う場合、事前に日本と協議するよう米側に義務付けている[112]。日本側がこれに関する検討を避けようとしたのは、兵力の大規模な移動を伴う有事対応を考えるに当たり、どういった米軍の行動が事前協議の対象となるのかまで検討していたら、議論が成り立たなくなると考えたからである[113]。

憲法上の制約については交戦権の否定や海外派兵の禁止が、非核三原則に関しては、米軍による日本への核持ち込みが念頭にあったとみられる。日本側は、反戦・反核の雰囲気が強かった当時の状況でこうした問題に触れれば、重大な政治問題に発展すると危惧したのだ。

最後の項目は、SDCが作成する文書の性格についてであった。条約でも行政協定でもなく、法的拘束力を持たない政策文書というガイドラインの位置付けは、日米協議の当初段階で事実上、決まったことになる。

一連の前提条件は、日本政府の基本方針に影響を与えず、また憲法を含む既存の法令に従うこと、と要約できる。[114]「前提」の設定を指示したのは、丸山だった。統幕会議の幹部は日本政府内の事前の打ち合わせで、「それでは防衛協力が本物にはならない」と反対したが、丸山の意向を受けた佐藤行雄《さとうゆきお》外務省安全保障課長が押し切ったとされる。[115]日米防衛協力に対する日本国内の支持は弱かった。丸山らは前提条件を付けることで、SDCの協議を守るための「予防線」を張ったのである。[116]

「前提」については、一九七六年十二月の第三回会合で米側が受け入れた。日米は同時に、対日武力攻撃、極東における事態で日本の安全に重要な影響を与える場合の諸問題、共同演習・訓練などその他の問題――の三点を協議していく方針を固めた。[117]各論のテーマがここで固まった。

一九七七年四月の第四回では、制服組で構成する作戦、情報、後方支援の三作業部会を設け、詳細の検討に入ることで一致した。[118]また、日本側が「日本防衛のための基本的考え方」と題する文書を提出した。

「基本的考え方」は後のガイドラインのエッセンスを抽出したような内容で、「侵略を未然に防止するための態勢」「日本に対する武力攻撃に際しての対処行動」という二つの大項目の下に、小項目が並んでいた。とりわけ対日武力攻撃の大項目以下の次の部分は重要なので、板山の著書から転載する。

（Ａ）日本は、原則として、限定的かつ小規模な侵略を独力で排除する。侵略の規模、態様等により独力で排除することが困難な場合には、米国の協力を待って、これを排除する。この場合には、自衛隊と米軍が、緊密な連絡を保ちつつ、それぞれの指揮系統の下、日米安保条約に沿って行動する。

（Ｂ）自衛隊は、日本本土、周辺海空域における防衛作戦を主に遂行する。日米安保条約に従い、米軍は自衛隊の作戦を支援する。また、米軍は攻撃的作戦を遂行し、海上交通路の防衛等、日本の防衛能力を超える範囲の防衛を行う。[119]

（Ａ）の前半は、５１大綱の表現を踏襲した「限定小規模侵略独力対処」である。これはガイドラインの最終版に全く同じ文言で盛り込まれた。（Ｂ）は、「米軍は矛、自衛隊は盾」という役割分担をめぐる規定で、一筋縄ではいかなかった。この点に関しては後述する。

第五回は一九七七年八月に開かれ、米側が「基本的考え方」に同意した。[120] また、制服レベルの本格検討に入り、成果文書を「ガイドライン」という形でまとめることが決まった。[121] 源川の後任として統合幕僚会議第三幕僚室指揮調整班に勤務していた石津節正《いしづさだまさ》によると、日米の制服組はそれまで、ＣＪＯＥＰのような共同作戦計画の研究作業を行い、それを抽象化していくことを考えていた。[122] ところがこの頃、西廣が部下の大森を通じ、作戦計画より抽象度の高いガイドラインの「原型」を提示してきたため、石津が制服組を説得し、納得してもらったという。[123]

一九七七年九月末の第六回は、日米双方の参加者に変動があったことから顔合わせにとどまり、以後約九ヵ月の長い中断期間を経て、七八年七月五日の第七回でガイドラインの全体草案が提出された。[124] そして十月三十一日の第八回会合で、日本側が草案に微調整を加えたガイドライン案を提示し、米側の同意を得るに至った。[125] 日米安全保障協議委員会でのガイドライン決定は十一月二十七日、日本の閣議での了承が十一月二十八日である。

指揮権、役割分担、極東有事

続いて、協議の焦点を解説したい。ガイドライン作成に当たり見解の相違が見られたのは、指揮権と日米の役割分担についてであった。さらに、朝鮮半島を主に念頭に置いた極東有事を検討対象とするかどうかをめぐっても、大きな温度差があった。

指揮権をめぐっては、米側はそれまでも「共同作戦をやる時のトップは米軍だ」との立場だった。[126] 米軍の常識では、同盟国と連合軍司令部を設け、有事の際には米将官が連合軍司令官として作戦指揮に当たる。前述のように、今日のNATOや米韓同盟は、いずれもこうした指揮権「一体」型と呼ばれる仕組みになっている。[127]

これに対し日米同盟は、集団的自衛権の問題や日米間の対等な関係の確保という観点から、自衛隊と米軍がそれぞれ指揮権を維持する「並列」型だ。[128] 当時の日米協議でも、日本側は指揮権並列を主張した。制服組の作業を束ねる立場にいた石津は、「とにかく「米軍に指揮権を持たすことは出来ない」という認識」があり、「強引に押し」て米側を納得させたと回顧している。[129]

SDC設置に先立つ坂田・シュレシンジャー会談の時点で、坂田は指揮権の分離に触れており、この問題は、米軍の不満にもかかわらず、当初から着地点が見えていたと考えられる。ただ、制服組同士の詳細討議の場である作業部会などでは、やはり米軍の不満に直面した。そこで妥協案として石津が持ち出したのが、「統制」という概念だった。[130] 指揮権は日米別々とするが、砲兵の火砲統制、対潜水艦作戦の統制、地上施設からの迎撃戦闘機の管制などに関しては、必要に応じて米軍か自衛隊のいずれか一方が担当する、という案である。[131]

指揮権と統制の違いについては、解説が必要だろう。今日の米軍のドクトリンでは、指揮(Command)とは「人や組織を動機付け、管理する技術」、統制(Control)とは「指揮官の指揮権に沿って部隊および機能を運営・管理すること」とされている。[132] 指揮は意思決定の権限、つまり頭脳に相当し、統制はその決定の実行に必要な部隊運用の方法、つまり頭脳に従って筋肉を動かす神経のようなものだ。石津は、統制に限って米軍に委ねる余地を残すことで、指揮権分離により部隊運用に混乱が生じかねないという米軍の懸念に応えようとしたのであろう。

統制の明記については、最後まで揉めた。[133] 第七回SDCで日本側が示したガイドライン草案は、「必要な際に双方の合意の下、いずれかが、両軍が関係する作戦上の事項を統制する権限を与えられる」とうたっていた。[134] しかし、最終第八回会合の数日前、外務省が統制の文言について「法律上はどう説明しようとも命令、指揮権に基づくものとしてしか通らない」と訴え、ガイドライン成案から消えることになったのである。[135]

自衛隊と米軍の役割分担は指揮権以上に紛糾の種となり、第六回から第七回会合までSDCが中断する原因の一つとなった。
前述のように、本格的な中身の討議に入る際に日本側から提出された「日本防衛のための基本的考え方」は、自衛隊は「防衛作戦」を、米軍は「攻撃的作戦」をそれぞれ遂行すると記していた。これに対しトーマス・シュースミス駐日米首席公使は、安保条約で定められた範囲以上の米側のコミットメントは認められないとくぎを刺し、とりわけ米軍の「攻撃的作戦」に触れたくだりをさらに検討するよう求めた。[136]
もとより、安保条約には「米軍は矛、自衛隊は盾」という役割分担は明示されていない。米側は、条約上の義務以上の行動を約束する「オーバーコミットメント」を避けようとしたのだ。石津は役割分担の議論について、次のように回想している。

それを実際にガイドラインに盛り込もうとした時に、米側がものすごい勢いで食ってかかって来たわけです。「米軍だけが攻勢作戦をやって、日本側は攻勢作戦には一切手を出さないというのは、いったい安保条約のどこにそんなことが書いてあるんだ」と。〔中略〕「いったい日本側は、日本を防衛するためにアメリカの青年の血を流させて、その上で日本の防衛を全うする気か」と。[137]

日米は結局、日本有事の共同作戦の原則として、自衛隊が「防勢作戦」を担い、米軍は「自衛隊の能力の及ばない機能を補完するための作戦」を実施すると定めることで折り合った。同時に、陸上では米軍が主に「反撃のため」の作戦を遂行し、海上、航空でも、米軍が「機動打撃力」「航空打撃力」を使用する作戦を行うとした。「反撃」「打撃」という言葉を用いることで、明言を避けつつも、攻撃的作戦は米軍が担うというニュアンスをにじませた。

ちなみに、「機動打撃力」とは米軍の機動部隊（空母部隊）に他ならない。米側が空母運用に制限を課されることを嫌ったため、新たに考え出された造語で[138]、英語版ガイドラインでは、「task forces providing additional mobility and strike power」（追加の機動力および打撃力を提供する任務部隊）と表記された[139]。

最後に、極東有事についてである。負担軽減を目指す米側は、米側は対日武力攻撃より「朝鮮半島からの波及事態のほうが蓋然性が高い」として、朝鮮半島有事で日本の支援を確保することを重視していた[140]。アジアでの米軍の負担軽減という基本方針にも沿った意向である。日本側も、極東有事での日米協力を議題とすることには同意した。

しかし、日米間では、日本有事と極東有事のどちらに優先して取り組むかをめぐり、違いがあった。日本では、極東有事での米軍支援に関しては、集団的自衛権に絡み高度な政治判断を要する。加えて日本国内の基地使用などの課題を所管する外務省は、日米協議は防衛庁の発議であるとして、議論を主導しようとはしなかった。

こうした事情から、日本側はまず極東有事ではなく日本有事に取り組むよう希望し、米側もこれを受け入れた[141]。防衛庁長官官房防衛審議官、防衛庁参事官の職にあった夏目晴雄《なつめはるお》は[142]、米側が「本当にやりたいこと」は日米協議で「二の次三の次にされた」と証言している[143]。

「独力対処」「矛と盾」の併記

日本有事に焦点を定めた78ガイドラインは、安全保障の概念が日本への直接侵略への対処にとどまらなくなっている今日の基準に照らせば、シンプルな中身である。

78ガイドラインはまず、「日本は、原則として、限定的かつ小規模な侵略を独力で排除する」として、限定小規模侵略独力対処の方針を明記した。[144] 51大綱中の表現をほぼ踏襲し、自主防衛路線を取り込んだ形だ。

自主防衛とガイドラインの関係をめぐっては、大綱同様、千々和が疑問を呈している。ガイドライン中の限定小規模侵略独力対処は、「独力で対処する」と強調しているのではなく、限定小規模侵略以上の事態には「独力では対処できない」ことを米国との間で確認する意味があったにすぎないというのだ。[145] 確かに石津は、限定小規模侵略独力対処を書き込まずに「どんな規模であろうととにかく日本が独力で対処して、足りない場合の支援を（米軍から）受ける」と解釈される事態を恐れていたと明かしている。[146]

だが、以上の説明が日本側の一致した立場だったとは考え難い。限定小規模侵略独力対処は、陸自が強く唱えた運用の概念だった。石津自身も、「地べたの話はよその国に頼るべきじゃない。とにかく規模が大きかろうが小さかろうが、陸自はやるんだ。それで、いよいよとなったら助けてもらう」というのが、陸自の主張だったと認めている。[147] やはり、内局の防衛課員としてガイドライン作成の実務に当たった大森が指摘するように、限定小規模侵略独力対処は「我が国の防衛（軍事）

行動の基本、独立国としての国を守る気概を示すもの」と認識すべきであろう。[148]

次に、指揮権をめぐっては以下のように規定した。

自衛隊及び米軍は、緊密な協力の下に、それぞれの指揮系統に従って行動する。自衛隊及び米軍は、整合のとれた作戦を共同して効果的に実施することができるよう、あらかじめ調整された作戦運用上の手続に従って行動する。

自衛隊と米軍の指揮権並列を宣言し、統制権の所在も不明確だ。日本の自立性と日米関係の対等性が示されているとも、憲法上の制約をはじめとした日本の特殊な事情が反映されたとも言えよう。

ガイドラインの中核となる「日本に対する武力攻撃」（日本有事）における日米の役割分担では、自衛隊が日本の領域と周辺海空域で「防勢作戦」を行い、米軍は「自衛隊の能力の及ばない機能を補完するための作戦」を実施するとうたった。具体的には、米軍は陸上作戦で主に「反撃」を行い、海・空作戦では「打撃力」を使用するとした。

ガイドラインの作成過程で、米側が「攻撃的作戦」という表現を拒否した経緯については、既に触れた。それでも、「自衛隊の機能を補完する作戦」が、敵地攻撃を想定した打撃作戦を指していることは明白だ。「米軍は矛、自衛隊は盾」という基本的役割分担は、78ガイドラインで初めて公式に定められたのである。[149]

自主防衛と日米安保体制の調和という分析軸で78ガイドラインを捉えた場合、限定小規模侵略独力対処と「盾と矛」の役割分担の併記が、最大の特徴に挙げられる。自主防衛路線と日米安保中心主義の共存という一九七〇年代の現実が、投影されていたと言えるだろう。78ガイドラインは、自主防衛路線に沿った限定小規模侵略独力対処を取り込みつつ、旧日米安保条約の発効以来「ほとんど皆無」であった日米軍事協力の枠組みを[150]、日本として初めて公式に承認した文書だった[151]。

「日米同盟」の起点

日米軍事協力は、78ガイドラインに沿って進展していくことになった。深まっていく日米協調の中でも目を引いたのが、海自と米海軍の緊密な関係である。

ガイドラインは、海自と米海軍は「海上交通の保護」のための作戦を共同で実施すると定めた。陸上と航空の作戦構想が日本本土防衛に限定されていたのに対し、海上では日本本土を越えた協力をうたったことになる[152]。

海自はもともと米海軍と深いつながりを持ち、ガイドライン策定以前から対潜、掃海の合同訓練を行っていた。ガイドライン策定を機に、日本は米国のグローバルな対ソ封じ込め戦略上の懸案だった、東アジアのシーレーン防衛に加わることになったのだ。これが、一九八一年の鈴木善幸《すずきぜんこう》首相訪米時の「一〇〇〇海里シーレーン防衛構想」の表明につながるのである[153]。

78ガイドラインが、日本防衛のための共同作戦計画の研究と共同演習・訓練の実施を明記した点も重要だ。これを受け空自と陸自は、一九七八年と八一年にそれぞれ米軍と初の共同訓練を実施した。海自も八〇年に、初めて米軍主催の大規模多国間演習である環太平洋合同演習（リムパック）に参加した。

共同作戦計画については、日米は一九八一年、ソ連軍の北海道侵攻を想定した作戦計画5051を策定したとされる。[154] 78ガイドライン以降、運用面での日米協力の深化が日本の防衛政策の焦点になっていき、自主防衛ではなく日米安保中心主義が優勢になるのである。

このことを最も象徴的に示すのは、「日米同盟」という言葉の普及であろう。日米両政府は78ガイドラインの策定前後から両国関係について、軍事協力を連想させやすい「同盟」と表現するようになった。

福田赳夫《ふくだたけお》首相は78ガイドラインの作成作業開始後の一九七七年三月、訪米時にナショナルプレスクラブで行った演説で、「この〔米国との〕同盟関係は、日米の双方にとって、その基本的な利益に資する」と述べた。[155] 福田の後を襲った大平正芳首相も、米国を「同盟国」と呼んだ。[156]

物議を醸したのは、一九八一年五月の鈴木とロナルド・レーガン米大統領の会談後に発表された共同声明だ。声明は「日米両国間の同盟関係は、民主主義及び自由という両国が共有する価値の上に築かれていることを認め、両国間の連帯、友好及び相互信頼を再確認した」と強調し、[157] 日本の政界やメディア内に、鈴木政権が米国との一段の軍事協力に踏み出したとの警戒感を呼び起こした。[158]

一般的に同盟とは、複数の国家が同一行動を取ることを意味し、必ずしも軍事面の関係だけを指すわけではない。ただ、現実の国際政治では、軍事協力を抜きにした同盟はまずあり得ない。

国際政治学者のグレン・スナイダーは、同盟を「特定の状況における同盟の構成国以外の国家に対する軍事力の行使（ないし不行使）を目的とした国家同士の公式な提携」と定義し、その一義的機能は「共通の敵に対し軍事力を結集すること」にあると指摘している。[159] 78ガイドライン策定は、「日米が「力を結集する」という意味で「同盟」関係に向から起点となった」のである。[160]

自主防衛から対米支援へ

78ガイドラインの策定前後から国際情勢は厳しさを増し、一九七九年のソ連のアフガニスタン侵攻により、米ソ間のデタントは完全に崩壊した。「米国を軍事的にアジアに繋ぎ止め、同時に日本を西側に留めるための手段」だった日米同盟は、新冷戦と呼ばれた東西対立の中で、米軍事戦略の「中心的要素」に発展していく。[161]

一方、自主防衛論は日米同盟の「出現」によって消えていった。かつて自主防衛を主張した中曽根は一九八二年十一月に首相の座に上り詰め、翌八三年一月の訪米時、『ワシントン・ポスト』とのインタビューで「日本列島はソ連のバックファイア爆撃機の侵入に対する巨大な防壁となる不沈空母のようなものであるべきだ」と述べ、米側を喜ばせた。[162][163] 中曽根はレーガンとの間で軍事協力の強化を図り、日米安保中心主義・ガイドライン路線が日本の防衛政策の基軸となることが決定的になった。[164]

自主防衛を唱えた中曽根が日米安保中心主義への移行で重要な役割を果たしたことは皮肉に映る。だが、中曽根自身は矛盾を感じていなかったようだ。国際政治学者の添谷芳秀《そえやよしひで》は中曽根の外交・安保観に関し、日米同盟が日本外交の土台であることを明確に理解した上で、[165] 中韓両国との関係を重視していたと評価する。中曽根は「未来のアジアの共生、一種の共同体」を志向する発想を持っていたというのである。[166]

中曽根は、アジア外交のビジョン実現に不可欠なインフラである米国との関係を長続きさせるには、安保・外交面で「対等なパートナーシップ」を築く必要があると考えた。[167] このため、中曽根の首相就任後、日本の自主的取り組みの多くは対米支援の拡大に向けられるようになった。換言すれば、日本の自主性は、米国からの「自立」を志向するのではなく、米軍と協力する方策を主体的に選んでいくという形で、発揮されるようになった。

もっとも、当時のガイドライン路線は、地理上も具体策においても、厳格に専守防衛の範囲内に収まっていたことには注意せねばならない。78ガイドラインの策定過程で、日本側は極東有事での日米協力を取り上げることに消極的だった。この結果、78ガイドラインは、極東有事での米軍に対する便宜供与の在り方を「あらかじめ相互に研究」すると述べるにとどめ、事実上先送りした。この課題は八〇年代も手付かずのまま残され、九〇年代のガイドライン改定に際し、周辺事態と名を変えて最大の焦点となる。

注

1 "Informal Remarks in Guam With Newsmen, July 25, 1969," The American Presidency Project（APP）(https://www.presidency.ucsb.edu/documents/informal-remarks-guam-with-newsmen）二〇一八年十一月三十日閲覧。

2 佐々木卓也『戦後アメリカ外交史 第三版』（有斐閣、二〇〇二年）一一一頁。

3 川上高司『米軍の前方展開と日米同盟』（同文舘出版、二〇〇四年）五一頁。"President Nixon and President Thieu Meet at Midway Island, June 8, 1969," Jun 8, 2014, Richard Nixon Foundation（https://www.nixonfoundation.org/2014/06/president-nixon-president-thieu-meet-midway-island-june-8-1969/）二〇二三年九月二十二日閲覧。

4 前掲『米軍の前方展開と日米同盟』五二頁。

5 同右、五三頁。

6 マイケル・ジョナサン・グリーン（佐藤丙午訳）「能動的な協力関係の構築に向けて」入江昭、ロバート・ワンプラー編『（日本語版）日米戦後関係史』（講談社インターナショナル、二〇〇一年）一六二頁。

7 土山實男『安全保障の国際政治学』（有斐閣、二〇〇四年）三一三―三一四頁。

8 村田晃嗣『大統領の挫折――カーター政権の在韓米軍撤退政策』（有斐閣、一九九八年）一七〇頁。

9 佐道明広『戦後日本の防衛と政治』（吉川弘文館、二〇〇三年）二二二頁。

10 中島信吾『戦後日本の防衛政策――「吉田路線」をめぐる政治・外交・軍事』（慶應義塾大学出版会、二〇〇六年）一九五―二一〇頁。

11 高坂正堯「自立への欲求と孤立化の危険」『高坂正堯外交評論集――日本の進路と歴史の教訓』（中央公論社、一九九六年）七頁。

12 同右、三八頁。

13 前掲『戦後日本の防衛と政治』三頁。

14 中曽根康弘『ＰＤＦ版　日本の総理学』（ＰＨＰ研究所、二〇一五年）六〇頁。

15 添谷芳秀『日本の外交――「戦後」を読みとく』（ちくま学芸文庫、二〇一七年）一二五頁。

16 前掲『戦後日本の防衛と政治』二五二および二七二頁。

17 同右、二二三―二三八頁。前掲『ＰＤＦ版　日本の総理学』一二九―一三〇頁。

18 村田晃嗣「防衛政策の展開――「ガイドライン」の策定を中心に」日本政治学会編『年報政治学　一九九七

危機の日本外交――70年代』（岩波書店、一九九七年）八一―八二頁。
19 前掲『戦後日本の防衛と政治』二四九―二五〇頁。
20 同右、二五一頁。
21 同右、二五二頁。
22 所要防衛力については、佐瀬昌盛『むしろ素人の方がよい――防衛庁長官・坂田道太が成し遂げた政策の大転換』（新潮選書、二〇一四年）一二〇―一二二頁に引用されている坂田の説明を参照。
23 「宝珠山昇氏インタビュー　１９９６年４月19日」The National Security Archive, The U.S.-Japan Project, Oral History Program（https://nsarchive2.gwu.edu/japan/hoshuyama.pdf）二〇二一年一月三十一日閲覧。
24 前掲「防衛政策の展開――「ガイドライン」の策定を中心に」八三頁。
25 真田尚剛「防衛官僚・久保卓也とその安全保障構想――その先見性と背景」河野康子、渡邉昭夫編『安全保障政策と戦後日本　１９７２～１９９４――記憶と記録の中の日米安保』（千倉書房、二〇一六年）八二頁。
26 「防衛力整備の考え方」一九七一年二月二十日、データベース「世界と日本」（https://worldjpn.net/documents/texts/JPSC/19710220.O1J.html）二〇二一年二月一日閲覧。
27 同右。
28 同右。
29 前掲「宝珠山昇氏インタビュー　１９９６年４月19日」。
30 「我が国の防衛構想と防衛力整備の考え方」一九七四年六月、データベース「世界と日本」（https://worldjpn.net/documents/texts/JPSC/19740600.O1J.html）二〇二一年二月十日閲覧。
31 同右。
32 同右。
33 「拒否的抑止」とは、「特定の攻撃的行動を物理的に阻止する能力に基づき、敵の目標達成可能性に関する計算に働きかけて攻撃を断念させる」という概念である。抑止にはこのほか、核報復による耐え難い打撃を加えると威嚇し、敵のコスト計算に働き掛けて攻撃を断念させる「懲罰的抑止」がある（『日本の防衛――防衛白書 平成22年版』（http://www.clearing.mod.go.jp/hakusho_data/2010/2010/colindex.html）二〇二三年三月五日閲覧）。

34 前掲「我が国の防衛構想と防衛力整備の考え方」。

35 前掲「防衛官僚・久保卓也とその安全保障構想」八七頁および九五－九六頁。

36 前掲『戦後日本の防衛と政治』二八四頁。

37 田中明彦『20世紀の日本2　安全保障――戦後50年の模索』（読売新聞社、一九九七年）二六二頁。

38 前掲「防衛官僚・久保卓也とその安全保障構想」八〇頁。以下、久保の経歴などは同論文八〇－八八頁の記述による。

39 辻田真佐憲『防衛省の研究――歴代幹部でたどる戦後日本の国防史』（朝日新書、二〇二二年）一三八－一四〇頁。

40 前掲「防衛官僚・久保卓也とその安全保障構想」八二頁。

41 同右、八三頁。

42 前掲「宝珠山昇氏インタビュー　１９９６年４月19日」。

43 松岡広哲、中島信吾「「所要防衛力」から「基盤的防衛力」への転換期における政策決定に関する考察」国際安全保障学会編『国際安全保障』第四四巻第三号（二〇一六年十二月）七頁。

44 「第七十一回国会　衆議院　予算委員会議録第三号」一九七三年二月一日、四－五頁。

45 千々和泰明『安全保障と防衛力の戦後史　１９７１～２０１０――「基盤的防衛力構想」の時代』（千倉書房、二〇二一年）三七－三八頁。

46 前掲「宝珠山昇氏インタビュー　１９９６年４月19日」。

47　防衛を考える会事務局編『わが国の防衛を考える』（朝雲新聞社、一九七五年）一〇頁。
48　同右、一二―一六頁。
49　同右、四二頁。
50　同右、五一頁。
51　前掲『戦後日本の防衛と政治』二八五頁。
52　高坂正堯、久保卓也「四次防これでよいのか〈対談〉」『四次防』（時事問題研究所、一九七二年）三四―三九頁。
53　前掲「「所要防衛力」から「基盤的防衛力」への転換期における政策決定に関する考察」九頁。
54　「昭和52年度以後の防衛力整備計画案の作成に関する第2次長官指示」政策研究大学院大学C・O・E・オーラル・政策研究プロジェクト『オーラルヒストリー　伊藤圭一　元内閣国防会議事務局長〈下巻〉』（政策研究大学院大学、二〇〇三年）二七四頁。
55　永地正直『文教の旗を掲げて――坂田道太聞書』（西日本新聞社、一九九二年）一九一頁。
56　前掲『わが国の防衛を考える』三―四頁。
57　前掲『文教の旗を掲げて』一九四頁。
58　同右、一九四―一九五頁。
59　「鮫島博一氏（元統幕議長）　1997年6月6日　水交会」The National Security Archive, The U.S.-Japan Project, Oral History Program（https://nsarchive2.gwu.edu/japan/samejima.pdf）五、七頁（二〇二一年二月十日閲覧）。前掲「「所要防衛力」から「基盤的防衛力」への転換期における政策決定に関する考察」一七頁。
60　政策研究大学院大学C・O・E・オーラル・政策研究プロジェクト『宝珠山昇　オーラルヒストリー　元防衛施設庁長官〈上巻〉』（政策研究大学院大学、二〇〇五年）一五六頁。
61　前掲『安全保障と防衛力の戦後史』二六頁、四六―四九頁。

62 「インタビュー（1） 西廣整輝氏（元防衛事務次官・防衛庁顧問）」The National Security Archive, The U.S.-Japan Project, Oral History Program（https://nsarchive2.gwu.edu/japan/nishihiro.pdf）九頁（二〇二三年三月九日閲覧）。

63 前掲『安全保障と防衛力の戦後史』四七頁。千々和泰明『戦後日本の安全保障』（中公新書、二〇二二年）一一九―一二〇頁。

64 「昭和52年度以降に係る防衛計画の大綱」一九七六年十月二十九日、データベース「世界と日本」（https://worldjpn.net/documents/texts/docs/19761029.O1J.html）二〇一九年九月二十日閲覧。以下、本文中の51大綱の記述は本資料による。

65 「元海幕長　大賀良平氏対談」（1997年6月6日）The National Security Archive, The U.S.-Japan Project, Oral History Program（https://nsarchive2.gwu.edu/japan/ohga.pdf）二〇一九年十月二十五日閲覧。

66 久保卓也「防衛白書あとがき――私見――関連する諸問題をこう考える」朝雲新聞社『国防』第二五巻第八号（一九七六年八月）二六頁。

67 同右、二二頁。

68 前掲『安全保障と防衛力の戦後史』一一〇頁。

69 同右、一一二頁。

70 大森敬治『我が国の国防戦略』（内外出版、二〇〇九年）四二頁。

71 前掲『戦後日本の防衛と政治』二五九―二八五頁。

72 「坂田道太氏インタビュー　1996年2月23日」The National Security Archive, The U.S.-Japan Project, Oral History Program（https://nsarchive2.gwu.edu/japan/sakata.pdf）二〇二一年二月三日閲覧。

73 前掲『20世紀の日本2　安全保障』二六三―二六四頁。

74 「丸山昂氏インタビュー　1996年4月12日」The National Security Archive, The U.S.-Japan Project,

Oral History Program（https://nsarchive2.gwu.edu/japan/maruyama.pdf）二〇一九年九月二十二日閲覧。

75 同右。

76 同右。

77 前掲「防衛政策の展開——「ガイドライン」の策定を中心に」八七頁。

78 「第七五回国会　参議院　予算委員会会議録第五号」一九七五年三月八日、三二頁。

79 「第七五回国会　参議院　予算委員会会議録第一一号」一九七五年四月二日、二五頁。

80 前掲「坂田道太氏インタビュー　1996年2月23日」。

81 坂田道太『小さくても大きな役割』（朝雲新聞社、一九七七年）九〇頁。

82 ＣＪＯＥＰ（Combined Joint Outline Emergency Plan）については、板山真弓『日米同盟における共同防衛体制の形成——条約締結から「日米防衛協力のための指針」策定まで』（ミネルヴァ書房、二〇二〇年）第二章を参照。また、同書によれば、一九六三年以降、連合統合有事計画概要は共同統合有事計画概要（Coordinated Joint Outline Emergency Plan）と呼ばれるようになった（六七―六八頁）。

83 前掲『日米同盟における共同防衛体制の形成』六四―六五頁。

84 「源川幸夫オーラル・ヒストリー」防衛省防衛研究所戦史研究センター編『オーラル・ヒストリー　冷戦期の防衛力整備と同盟政策②　防衛計画の大綱と日米防衛協力のための指針〈上〉』（防衛省防衛研究所、二〇一三年）四九六―四九七頁。

85 前掲『小さくても大きな役割』一〇三頁。

86 前掲「源川幸夫オーラル・ヒストリー」四九七頁。

87 前掲『20世紀の日本2　安全保障』二一五―二一六頁。

88 前掲『日米同盟における共同防衛体制の形成』一〇四―一〇五頁。

89 吉田真吾『日米同盟の制度化』（名古屋大学出版会、二〇一二年）一〇九―一一〇頁。

90 前掲『文教の旗を掲げて』六一頁。
91 前掲『むしろ素人の方がよい』二一―二八頁。
92 前掲『文教の旗を掲げて』六八―六九頁。
93 同右、四五頁。
94 前掲『わが国の防衛を考える』三頁。
95 前掲『日米同盟における共同防衛体制の形成』一三八―一四六頁。
96 同右、一四五頁。
97 同右、一三三頁。
98 「わが外交の近況 昭和51年版」下巻（https://www.mofa.go.jp/mofaj/gaiko/bluebook/1976_2/s51-shiryou-3.htm#a6）二〇二一年二月二十七日閲覧。
99 前掲「丸山昂氏インタビュー　1996年4月12日」。
100 「日米防衛協力について（坂田・シュレシンジャー会談）」（一九七五年八月二十九日）戦後外交記録「シュレシンジャー米国防長官訪日（昭和50年8月）」2019―0004、外務省外交史料館。以下、会談内容からの引用は本資料に基づく。
101 『防衛白書 昭和52年版』（http://www.clearing.mod.go.jp/hakusho_data/1977/w1977_03.html）二〇一九年九月二十七日閲覧。
102 Memorandum From Secretary of State Kissinger to President Nixon, Washington, August 2, 1975, *Foreign Relations of the United States, 1969-1976*, Volume E-12, Documents on East and Southeast Asia, 1973-1976 (https://history.state.gov/historicaldocuments/frus1969-76ve12/d205) 二〇二一年三月二日閲覧。
103 Ibid.
104 前掲『日米同盟の制度化』二六〇および二六四頁。

105 『防衛白書 昭和52年版』。
106 前掲「丸山昴氏インタビュー 1996年4月12日」。
107 前掲『戦後日本の防衛と政治』二八六頁。
108 前掲「丸山昂氏インタビュー 1996年4月12日」。
109 「「諸君!」インタビュー 丸山昂 日米安保は空っぽである」『諸君!』(文藝春秋、一九七九年十月号)二六頁。
110 前掲「丸山昂氏インタビュー 1996年4月12日」。
111 前掲『日米同盟における共同防衛体制の形成』一九〇頁。
112 「日米安全保障条約(主要規定の解説)」(https://www.mofa.go.jp/mofaj/area/usa/hosho/jyoyaku_k.html)二〇二三年十月七日閲覧。
113 「石津節正オーラル・ヒストリー」防衛省防衛研究所戦史研究センター編『オーラル・ヒストリー 冷戦期の防衛力整備と同盟政策③』(防衛省防衛研究所、二〇一四年)八二―八三頁。
114 前掲『我が国の国防戦略』三六頁。
115 前掲「防衛政策の展開――「ガイドライン」の策定を中心に」九〇頁。
116 前掲『日米同盟における共同防衛体制の形成』一九〇―一九一頁。
117 同右、一九一頁。
118 同右、一九七頁。
119 同右、一九四頁。
120 同右、一九八頁。
121 前掲「防衛政策の展開――「ガイドライン」の策定を中心に」九一頁。
122 前掲「石津節正オーラル・ヒストリー」八五、一二〇頁。

123 同右、八八―八九頁。
124 前掲『日米同盟における共同防衛体制の形成』二〇二頁。
125 同右、二〇三頁。
126 前掲「石津節正オーラル・ヒストリー」九三頁。
127 前掲『戦後日本の安全保障』一六四頁。
128 同右、一六四―一六五頁。
129 前掲「石津節正オーラル・ヒストリー」九三頁。
130 同右、九五―九六頁。
131 前掲『日米同盟における共同防衛体制の形成』一九九―二〇〇頁。
132 Frederick Coleman, "Command and Control Terms of Reference," August 16, 2022 (https://www.airuniversity.af.edu/Wild-Blue-Yonder/Article-Display/Article/3125018/command-and-control-terms-of-reference/#_edn2) 二〇二三年十月十日閲覧。
133 前掲「石津節正オーラル・ヒストリー」九五頁。
134 前掲『日米同盟における共同防衛体制の形成』二〇四頁。
135 前掲「石津節正オーラル・ヒストリー」一〇七頁。
136 前掲『日米同盟における共同防衛体制の形成』一九四―一九五頁。
137 前掲「石津節正オーラル・ヒストリー」九四頁。
138 同右、一一八頁。
139 "Report by the Subcommittee for Defense Cooperation, Submitted to and Approved by the Japan-U.S. Security Consultative Committee," November 27, 1978, データベース「世界と日本」(https://worldjpn.net/documents/texts/docs/19781127.O1E.html) 二〇一九年十月五日閲覧。

140 前掲「石津節正オーラル・ヒストリー」七七頁。
141 前掲『日米同盟における共同防衛体制の形成』一九一頁。
142 政策研究大学院大学C・O・E・オーラル・政策研究プロジェクト『夏目晴雄 オーラルヒストリー 元防衛事務次官』(政策研究大学院大学、二〇〇四年)六頁。
143 「夏目晴雄氏インタビュー」The National Security Archive, The U.S.-Japan Project, Oral History Program (https:// nsarchive2.gwu.edu/japan/natsume.pdf) 二〇二一年三月十一日閲覧。
144 「旧「日米防衛協力のための指針」」(https://www.mod.go.jp/j/approach/anpo/alliguideline/sisin78.html) 二〇二一年三月十一日閲覧。以下、78ガイドラインの記述は本資料から引用。
145 前掲『安全保障と防衛力の戦後史』一一〇—一一一頁。
146 前掲「石津節正オーラル・ヒストリー」一一七頁。
147 同右。
148 前掲『我が国の国防戦略』四二—四三頁。
149 これは研究者の定説と言えるものである。例えば、前掲『日米同盟の制度化』七頁、吉次公介『日米安保体制史』(岩波新書、二〇一八年)一〇三頁を参照。
150 福田毅「日米防衛協力における3つの転機——1978年ガイドラインから「日米同盟の変革」までの道程」『レファレンス』No. 666(二〇〇六年七月)一四三頁。
151 日米安保中心主義の視点については、前掲『戦後日本の防衛と政治』二八六—三〇二頁を参照。
152 前掲『戦後日本の防衛と政治』二九八—三〇二頁。
153 同右、三三八頁。
154 『朝日新聞』一九九六年九月二日。
155 「ナショナル・プレス・クラブにおける福田赳夫内閣総理大臣のスピーチ」一九七七年三月二十二日、データベース「世界と日本」(https://worldjpn.net/documents/texts/exdpm/19770322.S1J.html) 二〇一九年十一月二十九日閲覧。

156 前掲『戦後日本の防衛と政治』三二四頁。前掲『日米安保体制史』一〇八頁。

157 「鈴木総理大臣とレーガン＝アメリカ合衆国大統領との共同声明」『外交青書　我が外交の近況　１９８２年版（26号）』(https://www.mofa.go.jp/mofaj/gaiko/bluebook/1982/s57-shiryou-403.htm) 二〇一八年十一月三十日閲覧。

158 前掲『戦後日本の防衛と政治』三三八頁。

159 Glenn H. Snyder, *Alliance Politics* (Ithaca and London: Cornell University Press, 1997) p. 4.

160 前掲『日米安保体制史』一〇四頁。

161 前掲「能動的な協力関係の構築に向けて」一六八―一六九頁。

162 'Because of Expansion [We Risk] Being Isolated,' *The Washington Post*, January 19, 1983. 中曽根自身はこの発言について「日本列島を敵性外国機の侵入を許さないよう、周辺に高い壁を持った大きな船のようにする」と述べたところ、通訳が意訳したと主張している（前掲『ＰＤＦ版 日本の総理学』一七五頁）。

163 前掲『戦後日本の防衛と政治』三四九頁。

164 同右、三一―四頁、三五一頁、三五九頁。

165 添谷芳秀『安全保障を問いなおす――「九条―安保体制」を越えて』（ＮＨＫブックス、二〇一六年）六五―六六頁。

166 添谷芳秀『入門講義　戦後日本外交史』（慶應義塾大学出版会、二〇一九年）一八六頁。

167 前掲『ＰＤＦ版 日本の総理学』一七四頁。

第二章　同盟再確認と国際主義
──97ガイドライン

握手を交わすクリントン大統領と橋本龍太郎首相（1996年4月17日、写真提供：読売新聞）

1　外交敗戦から多角的安保へ

米軍プレゼンスの縮小

一九九六（平成八）年四月十四日夜、橋本龍太郎《はしもとりゅうたろう》首相は、ウィリアム・J・ペリー米国防長官を首相官邸に迎えた。ビル・クリントン米大統領の来日が二日後に迫っており、ペリーはクリントンの滞在日程とかぶらないようにと、一足先に日本を訪れていた。

緻密な取材でこの時期の日米関係を活写した船橋洋一《ふなばしよういち》の『同盟漂流』によると、橋本は冒頭でペリーの労をねぎらった後、次のように「自説を開陳」した。

ひとつはガイドラインについてである。〔中略〕そこで、それをどうやるか。橋本は一つひとつ挙げた。

第一。「日本は黙ってついてくるもの」と思ってもらっては困る。

第二。日米間でもっと協議をしなくてはならない。

第三。日本は国連でのＰＫＯ（平和維持活動）を始めとする活動を少しずつ進めていく。こうした分野でも日米でより広範に協力できるところが多々あるはずだ。[1]

日米関係は当時、沖縄県の米軍基地問題で揺れていた。沖縄では一九九五年九月、米兵三人が女子小学生を暴行する事件が起き、可燃性の高い反米軍感情に火を付けた。日米両政府は同年十一月、「沖縄に関する特別行動委員会（SACO）」を設置し、面積で日本国内の米軍専用施設の約七割が集中する沖縄の負担軽減策の検討に着手した。[2]

橋本が首相に就任したのは、SACO設置の約二ヵ月後、一九九六年一月のことだ。橋本は政治主導による負担軽減の象徴とすべく、宜野湾《ぎのわん》市の市街地に位置し、危険を指摘されていた米軍普天間飛行場に着目する。ペリーとの会談の二日前には、ウォルター・モンデール米駐日大使と共同記者会見を行い、五年ないし七年以内に普天間の全面返還を実現すると発表していた。[3]

こうした流れを受け、橋本・ペリー会談では、普天間の先にある「戦略的なテーマ」が議題となった。[4] すなわち、日米同盟の強化であり、両者はその具体策として、策定以降一八年間不変だった「日米防衛協力のための指針」（ガイドライン）の改定に乗り出すことで一致した。[5]

懸案に道筋を付けた橋本は満を持して四月十七日のクリントンとの会談に臨み、「日米安全保障共同宣言」（安保共同宣言）を発表した。日米の安全保障関係をアジア太平洋地域の安定と繁栄の基礎と位置付けた同宣言をもって、「漂流状態」に陥っていた日米同盟は、[6] 危機を脱したのである。

ガイドライン改定に至る流れを理解するには、まずこの同盟漂流の時代を振り返る必要がある。

一九八〇年代に中曽根康弘首相とロナルド・レーガン大統領の「ロン－ヤス」関係の下で定着した

第二章関連年表

年	月	事　項
１９８９	2	ソ連軍、アフガニスタンから撤退完了
	6	天安門事件
	8	海部内閣成立
	12	米ソ首脳、マルタで会談。冷戦終結宣言
１９９０	8	イラク軍、クウェート侵攻（湾岸戦争始まる）
	10	ドイツ統一。「国連平和協力法案」提出
	11	「国連平和協力法案」廃棄
１９９１	1	多国籍軍によるイラク及びクウェートへの空爆開始
	4	湾岸戦争の正式停戦発効。「ペルシャ湾への掃海艇等の派遣について」閣議決定
	11	衆議院安全保障委員会設置。クラーク米空軍基地、フィリピンへ返還
	12	ゴルバチョフソ連大統領辞任。ソ連消滅
１９９２	2	中国、尖閣諸島を中国領と明記した「領海及び接続水域法」を公布・発効
	8	「国際平和協力法」施行
	9	第一次カンボジア派遣施設大隊出発開始（93・9撤退完了）。カンボジア停戦監視要員出発。スービック米海軍基地、フィリピンへ返還
１９９３	3	北朝鮮、ＮＰＴ脱退を宣言
	8	細川内閣成立
	9	米国防省「ボトムアップ・レビュー」発表
１９９４	5	第一次朝鮮半島核危機
	6	村山内閣成立
	10	北朝鮮の核開発をめぐる米朝枠組み合意
１９９５	9	沖縄駐留米兵による女児暴行事件
	11	日米、「沖縄に関する特別行政委員会（ＳＡＣＯ）」設置に合意。０８大綱、閣議決定
１９９６	1	橋本内閣成立
	3	中国、台湾近海でミサイル発射訓練、陸海空統合演習実施。台湾、初の総統直接選挙、李登輝総統再選
	4	日米、普天間飛行場返還で合意。日米首脳会談で日米安全保障共同宣言を発表
	12	ＳＡＣＯ最終報告が日米安全保障協議委員会で了承
１９９７	9	９７ガイドラインを日米安全保障協議委員会（２プラス２）で了承
１９９８	8	北朝鮮、日本列島を越える弾道ミサイル発射

はずの日米同盟路線は、なぜ波間に漂い出したのか。
根本的原因は、冷戦終結という地殻変動であろう。冷戦に勝利した米国は、アジア太平洋での戦略目標を「対ソ脅威への対応」から「地域の安定」に変更した。[7] 脅威の低下を踏まえ、ジョージ・H・W・ブッシュ政権は一九九〇年四月、一〇年間で三段階にわたって極東駐留米軍を削減する方針を記した「アジア環太平洋戦略枠組み　21世紀を見据えて」を公表した。[8]
続いて、アジア太平洋および西太平洋の米軍の一大拠点だったフィリピンの位置付けが大きく変わった。フィリピン議会での基地協定反対論の高まりやピナトゥボ山の噴火を受け、クラーク空軍基地が一九九一年に、スービック海軍基地が九二年に、いずれもフィリピンに返還されたのである。
米軍のプレゼンス削減の動きは、ここでいったんブレーキが掛かる。まず、一九九二年公表の新たなアジア環太平洋戦略枠組みで、在日米軍と在韓米軍の縮小規模が見直された。さらにクリントン政権に交代後の九三年九月にまとめられた「ボトムアップ・レビュー」は、二つの大規模地域紛争に同時に対処し勝利できる態勢の構築を掲げ、東アジアに一〇万人規模の兵力を維持するとうたった。[9] ボトムアップ・レビューが想定していた二つの紛争とは、イラクによるクウェート・サウジアラビア侵攻と、北朝鮮の韓国侵攻だった。[10]
それにもかかわらず、米国がアジア太平洋への軍事的関与を減らすのではないかという懸念は、一九九〇年代前半から半ばにかけてくすぶり続けた。クリントン政権が発足以降、米経済の立て直しを最優先課題に掲げ、アジア太平洋政策にほとんど政治資本を投資しなかったことが、[11]「「米軍撤退」パーセプション〔認識〕」を払拭できなかった理由の一つだろう。[12]

一九九二年から九五年まで駐米大使を務めた栗山尚一《くりやまたかかず》は、宮澤喜一《みやざわきいち》首相が九二年五月に来日したダン・クエール米副大統領と夕食を共にした際の会話の内容を明かしている。それによると、宮澤が米国にとってのアジアの重要性を強調し、そこから抜けようと思っても米国は抜けられないと指摘したのに対し、クエールは「今のアメリカ国民は、アジアが「出ていってもらって結構」と言えば、さっさと出ていく気持ちになっている」と返答した。[13]「冷戦の緊張から解放されたアメリカ国民の孤立主義への心情的傾斜」を示す逸話である。[14]

日本との関係でも、クリントン政権は「経済安全保障」重視の姿勢を取り、貿易不均衡の是正を迫った。ミッキー・カンター通商代表を中心に、経済摩擦解消に向け日本が譲歩しなければ、対日安保協力は減らすべきだという意見すらあったのである。[15]

湾岸戦争での「敗北」

一九九〇年代前半には、米軍撤退や対米経済摩擦に加え、日本外交に影響を与えた出来事がもう一つあった。九〇年八月のイラクのクウェート侵攻に端を発する湾岸戦争である。

ブッシュ政権は危機に当たり、自由と正義の実現に向けた責任の共有や法の支配の確立などを柱とする「新世界秩序」の構築を唱え、[16]日本にも人的貢献を求めた。ブッシュは一九九〇年九月にニューヨークで行った海部俊樹《かいふとしき》首相との会談で、次のように迫った。

ブッシュ　日本が軍隊（FORCES）を中東における国際的努力に参加せしめる方途を検討中と

承知するが、そのような対応が有益であること及び世界から評価されるであろう旨申し上げておきたい。この機会に日本の貢献が遅滞なくできる限り迅速に行われることを期待している。

海部　現在の世界が米国の指導の下で国連を中心とする世界に移行しつつあるとの認識の下で、わが国としていかなる対応が可能であるか政府部内で検討の結果、国連平和協力法を策定することとした。日本人は第二次大戦の際に世界に多大な迷惑をかけたことから、武力の使用または武力紛争への関与は行わない旨決意している。これが憲法の枠組みである。現時点においては非戦闘、非軍事のあらゆる協力を実現する方向で努力しているという以上には説明し得ず、最終的な結果はこれからの国会論議等を見た上でなければ確定しない。[17]

海部が言及した国連平和協力法案は、自衛隊を含む公務員などで「国連平和協力隊」を組織し、武力行使をしないという前提で国連平和維持活動（ＰＫＯ）参加へ道を開く内容だった。[18]野党は真っ向から反対し、自民党内でも、自衛隊派遣の「千載一遇のチャンス」と見なす中曽根や小沢一郎《おざわいちろう》幹事長らと、際限ない海外派兵の「蟻の一穴になる」と反対する河野洋平《こうのようへい》外交調査会長らの間で意見が割れた。[19]

急ごしらえで十分な理解を得られなかった国連平和協力法案は、一九九〇年十一月八日に廃案となった。直後に来日したクエールは、「日本が湾岸でプレゼンスが見られないことは目に付く」と海部に苛立ちを伝えることになった。[20]

日本政府は湾岸戦争に際し、増税までして多国籍軍などに計一三〇億ドル（当時のレートで約一兆七〇〇〇億円）の資金支援を行った。[21] だが、戦闘期間中に人的貢献を行うことは出来ずじまいだった。日本に対し国際社会は冷淡だった。在米クウェート大使館が解放への謝意を表して一九九一年三月十一日付の米有力各紙に出した全面広告に日本の国名はなく、日本の在米大使館員は失意に沈んだ。[22]

ブッシュとソ連のミハイル・ゴルバチョフ書記長が冷戦終結を宣言したマルタ会談から八ヵ月後に起きたクウェート侵攻は、米ソ二極構造の箍《たが》が外れて流動化する国際社会の現実を日本に突き付け、対処する態勢をまったく整えていない日本の実態を浮き彫りにした。

冷戦期、日本は地域の「力の空白」にならないよう自国の防衛力整備に専念していれば、西側陣営の安全と国際社会の安定に貢献できた。日本の政治的安定と国防の確立は、西側諸国全体の利益であり、日本はわがことにのみ集中する贅沢を許されていたのである。ところがクウェート侵攻を機に、日本は突如、自国から遠く離れた地域での危機が国際社会を不安定化させ、自国の安全保障にも影響を及ぼす新たな状況に投げ込まれた。[23]

海部は湾岸戦争に直面し、「ここで何の協力もせず、国際社会から孤立したのでは、日本がダメになってしまう」という切迫感を抱いてあがいた。[24] しかし、「武力はタブー」である日本が戦闘終結までの間に自らの意思でコントロールできたのは、「金銭に関する決断」だけだった。[25] それすら「小切手外交」と揶揄される結果に終わった。[26]

この後、日本では、湾岸戦争への対応で日本は外交的「敗北」を喫したと捉え、[27] 国際社会で積極的な役割を果たすべきだという意見が強まることになった。国際政治学者の添谷芳秀が言う、外交・政治・社会の各方面における「国際主義の覚醒」である。[28]

「樋口レポート」の波紋

冷戦終結に伴い、米軍がアジアから退いていく構えを見せる一方で、米ソ二大超大国の統制下にあった国際構造の崩壊により、抑えられていた地域紛争が火を噴く。海部内閣退陣を受けて発足した宮澤喜一内閣は、時代に要請に応えようと、懸案だったPKO参加に向け、一九九二年六月に国際平和協力法を成立させた。

しかし、東京佐川急便事件で自民党の最大派閥・竹下派の会長だった金丸信《かねまるしん》が議員辞職に追い込まれ、政局が流動化すると、竹下派を割った小沢一郎・羽田孜《はたつとむ》のグループの造反により、内閣不信任決議が可決された。一連の安全保障環境の激変を踏まえた防衛政策の包括的見直しは、一九九三年七月の総選挙で自民党を五五年の結党以来初の下野に追い込んで発足した、非自民・非共産八党派による細川連立政権に委ねられた。

ただし、細川護熙《ほそかわもりひろ》首相の主な狙いは、新たな防衛力の役割の模索ではなく、冷戦後の「平和の配当」としての軍縮にあった。細川は防衛問題の検討に当たり、現役の防衛庁幹部ではなくOBから話を聞きたいと希望し、「OBの中ではもっともリベラル」（細川）だった西廣整輝に、[29]一九七六年策定の「防衛計画の大綱」（51大綱）の改定に向け私的諮問機関「防衛問題懇談会」を創設するよう依頼した。

西廣は、防衛課長時代に51大綱を手掛けた後、防衛事務次官に上り詰め、「ミスター防衛庁」と呼ばれるまでになっていた。細川は朝日新聞の防衛庁詰め記者だった当時、防衛庁長官秘書官を務めており、西廣とは面識があった。[30]

懇談会は、座長の樋口廣太郎《ひぐちひろたろう》アサヒビール会長を含め、諸井虔《もろいけん》秩父セメント会長、西廣や佐久間《さくま》一《まこと》元統合幕僚会議議長、渡邉昭夫《わたなべあきお》青山学院大学教授ら計九人をメンバーとして、一九九四年二月に発足した。中核となったのは、西廣のほか、西廣が懇談会への参加を要請した諸井と渡邉、さらに諸井が座長に担ぎ出した樋口で、報告書の起草は渡邉に託された。[31]

細川は、自身の肝煎りで立ち上げた懇談会だったにもかかわらず、第一回会合にしか姿を見せず、後継の羽田孜首相も議論を主導することはなかった。[32] 懇談会は、羽田政権から自民・社会・さきがけの三党連立による村山富市《むらやまとみいち》政権への移行後の一九九四年八月に報告書を提出するまで、計二〇回の会合を重ね、首相の意向や内閣・政権交代の影響を受けずに議論を交わした。[33]

この間、政権と懇談会の間の意識のずれが表面化することはなく、懇談会は、冷戦時代には当然だったいくつかの前提を外した包括的な安保・防衛政策の在り方を模索することができた。[34] 渡邉は懇談会の狙いを次のように説明している。

要するに一番問題なのは、冷戦が終わったという事実が日本の安全保障政策にとってどのような意味を持つのかという、哲学が求められているのだということだったのです。はっきりとそういう言葉をいわれたわけではないけれども、「〔防衛〕大綱に代わるべきものの基礎となる考え方」というのが注文主である総理大臣の方からの要請であったわけですが、それはつまり冷戦後の安全保障についての哲学であると、我々は理解したのです。[35]

こうしてまとまった報告書「日本の安全保障と防衛力のあり方――21世紀へ向けての展望」（通称「樋口レポート」）は、地域紛争の多発や大量破壊兵器の拡散といった「分散的で予測困難な危険」が存在する「不透明な国際秩序」に対応する構想を打ち出した。[36]その中核となる概念が、「多角的安全保障」だった。

多角的安保は、PKOへの積極的参加や実効性を伴う軍備管理体制の確立、地域レベルの多国間対話の推進を柱としていた。国連の枠組みと多国間協調を基盤とした、国際主義の結晶のような構想である。

樋口レポートは、ポスト冷戦期の日本の安保政策の優先課題として第一にこの多角的安保の促進に言及し、第二に日米安保関係の機能充実を挙げた。国際主義を日米安保中心主義と並ぶ安保政策の基軸に据えたのである。

しかし自社さ政権には、樋口レポートについて、自衛隊の組織、構成、装備などを論じた提言部分以外、真剣に受け止める雰囲気はなかった。[37]自民党の「宿敵」だった細川政権下で始まった議論の結論を、政策検討の基盤にしたくないという思惑もあったとみられる。

樋口レポートが波紋を広げたのは、米国においてだった。後にジョージ・W・ブッシュ政権で国務副長官に就任するリチャード・アーミテージやマイケル・グリーンら対日政策に影響力を持つ専門家から、「日米同盟軽視」という批判を招いたのだ。[38]

一九八八年夏から一年間米国に滞在し、冷戦後を見越した世界秩序をめぐる議論に接していた渡邉にとって、[39]変化への対応として多角的安保を掲げ、この推進に「不可欠な枠組み」として日米安保条約を位置付けるというレポートの構成は自然なもので、米側の反応は「正直意外」だった。[40]再び渡邉の説明を聞こう。

アジア・太平洋の多角的安全保障ということはいずれは問題になると思っていた。だから、アジア・太平洋の多角的安全保障に真っ向から背を向けて日米安全保障論を展開すれば、これは将来大変なことになるだろうと考えていました。だから、なんとかこれをうまく融合させるような論理が必要だと。そうしないと「日米安保は必要ない、多国間安保でいけ」という議論になってしまうからなんです。[41]

グリーンは後に、樋口レポートへの警戒に関し、米政府に日米関係に目を向けさせるための「ガイアツ」として利用したと証言している。[42]グリーンらは、日本の米国離れよりも、クリントン政権の日米安保への無関心を懸念していたというのである。渡邉のほうも「放っておくと日本は離れていくぞということを警告する意図で、半ばは意識的に日本が多角的安保に向かって走り出しているという議論をしたのではないでしょうか」とグリーンらの意図を推測している。[43]

ただ、いずれにしても日米間に不協和音が生じたことは事実だ。米国の知日派が「本格的な離米の始まり」を危惧する一方、日本側は、米国の内向き傾向を懸念する。日米関係は一九九四年の夏、「何もかも漂流しているように見えた」のである。[44]

2 「酸素」を求めて

露呈した「国の欠陥」

このように安全保障をめぐる日米の思惑が嚙み合わない中、北東アジアで重大な問題が浮上した。第一次朝鮮半島核危機である。

北朝鮮は一九九二（平成四）年秋、核廃棄物処理施設に対する国際原子力機関（IAEA）の特別査察に抵抗し、九三年三月に核拡散防止条約（NPT）脱退を表明した。危機は九四年五月～六月に頂点に達し、米政府は北朝鮮への武力行使を検討するに至った。

ペリー国防長官は一九九五年一月の上院外交委員会の公聴会で、九四年六月当時の状況を振り返り、北朝鮮は使用済み核燃料の再処理の用意を進めており、実行されれば核爆弾五発分のプルトニウムを得ると推計していたと証言した。

明らかに代替策は――入り込んで原子炉を排除する（going in and taking out the nuclear reactor）という理論上の代替策は――存在した。われわれは〔中略〕遂行のために何が必要か極めて慎重に検討した。どうやってやるかについては承知していたとはっきり申し上げることができる。しかし、検討の末、私はその行動方針を大統領に勧めなかった。[45]

ペリーが「存在した」と明かしたのは、北朝鮮の核施設を通常兵器を使った空爆によりピンポイントで破壊する「外科手術的攻撃」という選択肢だ。朝鮮半島有事は、目前まで迫っていた。

そして半島有事の際は、在日米軍基地が前線の背後に位置する最重要の作戦展開拠点となる。日本が蚊帳《かや》の外でいられるわけもなかった。

官房副長官補だった石原信雄《いしはらのぶお》によると、戦争への危機感が高まる前の一九九四年二月、クリントンはワシントンで行った細川との会談で、「北朝鮮の核開発は今、止めなければ将来に禍根を残す。経済制裁で米軍が周辺海域を封鎖した場合、自衛隊は機雷掃海で協力できるか」と打診した。[46] 在日米軍も日本の支援に強い関心を寄せ、[47] 機雷掃海や航行不能となった米艦船の曳航、燃料補給など一〇〇〇項目から成る支援リストを日本側に提示したとされる。[48]

日本政府は、石原の下に外務省や防衛庁、警察庁をはじめとする関係省庁の担当者を集め、点検作業を行った。[49] 自衛隊による米軍の後方支援に加え、民間飛行場の利用、韓国在留邦人の救出、北朝鮮難民への対処、原子力発電所など重要インフラを狙ったテロ・ゲリラ攻撃——。こうした懸案や事態に対応できるのか。

検討の結果判明したのは、体制が全く整っていないという事実のみだった。海上封鎖の際の掃海活動は憲法上不可能で、[50] 自治体管理の空港や港を米軍に使わせることもできず、[51] 予想される北朝鮮からの大量の避難民に対処する体制も法律もない。[52] 当時、外務省総合政策局総務課長だった田中《たなか》均《ひとし》は自著中で次のように嘆息している。

準備を始めると、国の欠陥がぼろぼろ出てきた。米国は朝鮮半島を対象に軍事オプションの準備をするとなれば、在日米軍基地があるので、日本の基地を中心にオペレーションを考えるのは当然である。ところが、その場合、日本は一体どういう役割を果たすかについての計画も法制度も全く存在していなかった。[53]

米側は、日本の軍事協力を得られなかった湾岸戦争の再来を恐れた。グリーンは後に、「日本が、その裏庭地域〔朝鮮半島〕において〔湾岸戦争と〕同様の失敗を繰り返すことになると、〔中略〕同盟関係は破滅的な影響を受ける可能性があった。同盟が戦略的に漂流しているのではないかとの懸念は、それまで継続的に提起されていた作戦の効率性の問題と、直接結びつくことになった」と解説している。[54]

ナイ・レポート

同盟が漂流する中で、朝鮮半島有事の可能性が現実味を帯びる――。危機的状況を察知し、手を打とうと米政府内で日本との調整を主導したのが、一九九四年九月に米国家情報会議（ＮＩＣ）議長から国防総省の国際安全保障担当の次官補に転じたジョセフ・ナイだった。

ナイは、国家間の経済的相互依存が国際関係におけるパワーの源泉になり得るという「複合的相互依存」の概念を確立した著名な国際政治学者であると同時に、民主党系の優秀な実務家と目されていた。クリントン政権入り前に出版した著書では、米国は軍事力などのハード面と文化的魅力といったソフト面の双方のパワーを備えた国家として、国際社会で指導力を発揮しなければならないと説いた。[55] 日本については、米国の「副大統領」として緊密に協力していくべきだという意見が日本では大勢を占めていると訴え、[56] パートナーとしての側面を強調した。

経済関係の重要性を鋭く認識しつつ、現実主義的な勢力均衡の視点から、[57] 同盟国との間で軍事を主体とした安全保障協力の強化に動いたところに、ナイの視野の広さがうかがわれる。

ナイはNIC議長だった一九九四年春以降、NICの東アジア担当分析官だったエズラ・ヴォーゲルから日米関係で安全保障問題がないがしろにされているとの懸念を伝えられていた。[58] 次官補就任直前には、畠山蕃《はたけやましげる》防衛事務次官がワシントンを訪れ、朝食会の席で、日本は新たな防衛計画の大綱を作成する予定で、日米安保関係を再活性化しなければならないとナイに力説した。[59]

ナイは一連の経験から、日米両国で見られた同盟への無関心に深刻な危機感を抱くに至り、国防総省への登庁初日の時点で、新たな報告書を発表すると決めていた。[60] これが、日米同盟の重要性の再確認に向けた「ナイ・イニシアティブ」と呼ばれる政策過程の最初の一歩となった。

安全保障とは酸素のようなものだ。失い始めるまでそれに気付くことはないのが普通だ。米国の安全保障上のプレゼンスは、東アジアの発展のための「酸素」供給に寄与してきた。〔中略〕昨今聞かれる米国の撤退を懸念する声は、ベトナム戦争後の二〇年前も同様にあった。今日の安全と繁栄が今後二〇年間維持されるように、米国はアジアに関与し、地域の平和を誓約し、同盟と友好の強化に献身し続けなければならない。[61]

一九九五年二月に公表された「米国の東アジア太平洋地域安全保障戦略」（通称「ナイ・レポート」）の序論は、無味乾燥に陥りがちな政府文書の文体からやや離れた筆致が印象的だ。アジアでの米国のプレゼンスを「酸素」という当たり前に存在してあらゆる活動に必要な公共財になぞらえ、その喪失への懸念が高まっている現状を率直に認めた上で、提供者としての責務を果たすと表明した。アジアにおける米軍の兵力構成に関しては、改めて一〇万人体制の維持を明記した。[62] アジアの読者を念頭に、「米軍撤退」パーセプションに起因する不安の解消を狙ったことは明らかだ。

日本に関しては、樋口レポートによって米国内で日本の姿勢に対する懸念がもたげていたことを踏まえ、改めて日米同盟を安保政策の重要な要素として捉え直した。[63]

ただ、それをもって、ナイ・レポートが樋口レポートを否定したとまでは言えない。ナイ・レポートは、樋口レポートで「多角的安全保障」という名で日本の防衛政策の柱として重視されていた多国間安保について、それが必要であること自体は認めている。さらに両者とも、冷戦後の不確実な東アジア情勢の安定の基盤という新たな意義を、日米同盟に付与することを目的としていた。

異なっていたのは、優先順位だった。ナイ・レポートは、日米安保体制を「アジアの安定を確保するための主要な要素」と規定し、[64]「米日同盟の利益は国際社会全体の平和と安定の維持にまで及ぶ広範なものだ」という認識を示す一方で、[65] 多国間安保を「地域における二国間の絆に取って代わるのではなく、これを補うもの」と位置付けた[66]。二国間同盟を補完する枠組みとして多国間安保を捉え、日米同盟を優位に据える米国の方針を明確にしたと言える[67]。ナイ・レポートは、日米同盟と「多角的安保」の序列を組み替えて、樋口レポートを「牽制」したのである[68]。

初の日米政策調整

樋口レポートとは対照的に、ナイ・レポートは日米間に摩擦を生まなかった。国防総省はナイ・レポートの作成に当たり、日本側に草案を示してコメントを求めており[69]、日本側が内容をあらかじめ承知していたからである。

レポートの取りまとめを含むナイ・イニシアティブは、米政府内の対日政策の策定・履行作業であったと同時に、日米間の政策協議のプロセスでもあった。このプロセスでは、ペリーが米政府内で最高位の「後援者」となり、ナイの下で、ポール・ジアラ国防総省日本部長やNICのヴォーゲルら日本の実情に精通していた面々が実務の中心を担った[70]。完全に国防総省主導の動きであり、それまで対日関係の「管理」を担ってきた国務省の影は薄かった。

背景には、通商問題をめぐり対日強硬論が幅を利かせていたクリントン政権内の政治力学があった。国務省では、経済局と東アジア局が競合し、同省として一貫したアジア政策を立案することは困難になっていた[71]。通商代表部（USTR）と商務省が大きな政治力を持つ中、対日協力に向けた政策の見直しの旗振り役としては国務省は目立ちすぎ、身動きが取れなかったという事情もある[72]。

ホワイトハウスや議会もナイ・イニシアティブにほとんど関心を払わず、関与もしなかった[73]。この結果、ナイを頂点とする一団は、米国内の政治的圧力を気にすることなく、比較的自由に日本側と意見交換を重ねながら安保協議を進めることができた。

意見交換の経路として、非公式なものでありながら大きな役割を果たしたのが、米国防大学内につくられた「ジャパン・デスク」だった。ジャパン・デスクは防衛庁と米国防大学の人材交流計画の一環として一九九二年に設置され、防衛庁は、後の第二次安倍晋三政権で内閣官房副長官補となる髙見澤將林《たかみざわのぶしげ》ら政策通の企画官クラスの人材を送り込んだ。ジャパン・デスクは、国防総省、国務省、研究者やメディア関係者らが集まって自由な議論を交わす場となっていたのである。[74]

そこで論議の対象となったのは、米側の動きだけではなかった。ナイ・イニシアティブによって日米同盟を新たな視点から捉え直すならば、日米安保体制を安保政策の基軸としてきた日本も、防衛政策を併せて修正しなければならないことは自明だった。すなわち、細川内閣以来の懸案となっていた防衛大綱の改定である。当時防衛庁防衛局長として改定を主導した秋山昌廣《あきやままさひろ》によれば、日本側はジャパン・デスクを通じ米側に大綱の素案を提示して意見を求めた。[75] クリントン政権と村山、橋本両政権下の間で進められた日米同盟再確認は、冷戦終結を受けた基本政策の見直しとして議論が始まった大綱の改定と一体化していった。

この不可分の関係は、日本政府が一九九五年十一月の大阪でのアジア太平洋経済協力会議（ＡＰＥＣ）首脳会議に合わせた日米首脳会談を、自国の安保政策展開の大きな節目と考えていたことからも明らかだ。日本は、冷戦後の日米同盟の在り方をうたった日米安保共同宣言を発表し、これを受けて防衛大綱を改定するという段取りを描いていたのである。[76]

しかし、クリントンはこの頃、予算をめぐり野党・共和党と抜き差しならない対立に陥っていた。財政均衡を目指す共和党は、福祉予算のカットなどを強硬に求めていた。暫定予算も組めず、ついにはAPEC開幕直前、米政府機関の一時閉鎖という異常事態を迎えた。クリントン訪日は財政問題という米国の内政上の事情により土壇場で延期され、51大綱に代わる新たな防衛大綱（07大綱）のみが一九九五（平成七）年十一月、先行して閣議決定を迎えることになった。

日本側が米側と十分な意思疎通を図りながら進めた07大綱の策定過程は、51大綱のそれとは対照的だ。51大綱は日本政府内、それも防衛庁内局と統合幕僚会議という閉じられたサークル内での討議に基づき作成され、米政府・米軍との調整は皆無だった。[77]

米国が一九七〇年代、日本の防衛能力の向上に期待を寄せていたのは事実である。米側が抱いていたのは、核抑止や長距離の敵基地攻撃任務などを米軍が担う一方、日本は防空のほか、対潜水艦戦を中心に本土から一〇〇〇カイリ以内の海上交通路の防護を担当するとした、「補完性」の概念に基づく構想だ。[78] 日本側でも、少なくとも米海軍との協力を必須と見なす海上幕僚監部は51大綱策定の際、「先ず、アメリカと話をして欲しい」と訴えていた。[79]

だが米政府は、日本に圧力と受け取られかねない介入に慎重だった。一九七六年四月起草の米国務省の内部文書は「防衛分野で日本に今以上のことをするよう期待することは当面できない。〔中略〕より多くを為すよう圧力を加えれば、日本で深刻な国内政治上の問題を引き起こし、より効率的な防衛態勢に向けた機運の喪失につながるだろう」と指摘した。[80] 七六年三月から七七年十月まで統合幕僚会議議長を務めた鮫島博一《さめじまひろいち》によると、前任の統幕議長だった白川元春《しらかわもとはる》が在日米軍のウォルター・ガリガン司令官に「日本が整備する防衛力の考え方」について説明したところ、ガリガンは「話し合う権限は与えられていないので、防衛庁からそういう説明を受けたということを本国に伝える」と応じただけだったという。

これに対し07大綱は、当初から米国防当局の考えを把握した上で書き上げられた。日米安保体制が同盟へと発展する中で、07大綱は日米の政策摺り合わせのツールの一つとして利用されたのである。ナイ・イニシアティブの意義は、日米両政府が、戦略的見地からという点では恐らく戦後初めて、共同で防衛政策の調整を図ったことにある。

生き残った「基盤的防衛力」

一連の経緯から、07大綱が日米同盟の重要性を強調する内容となったのは必然だった[81]。大綱はまず、「防衛の基本方針」として日米安保体制の堅持を掲げた。また「日米安全保障体制」の表題で独立した項目を立て、これが日本の安全の確保に「必要不可欠」だと明言した。日米安保体制には関してはさらに、「周辺地域の平和と安定を確保し、より安定した安全保障環境を構築するためにも、引き続き重要な役割を果たしていく」と言及し、地域の安定維持やより良好な国際情勢の創出に寄与するものとして、冷戦後の新たな同盟の意義を強調した。

07大綱は同時に、国際情勢の安定化を図る「各般の努力」や日米安保体制の役割の継続を考慮すれば、脅威対抗型ではなく冷戦期の「基盤的防衛力構想」を踏襲することが適当だとの認識を示した。

今日から振り返れば、ソ連崩壊により国家間の力関係の調整が始まり、新たな秩序の模索が続いていた一九九〇年代半ばの時点で、基盤的防衛力構想は日本の戦略的姿勢としては受け身に過ぎていたように思われる。防衛庁は九二年度版の『防衛白書』でも、「わが国に対する軍事的脅威に直接対抗するよりも、みずからが力の空白となってこの地域における不安定要因とならないよう、独立国としての必要最小限の基盤的な防衛力を保持する」と説明していた[82]。自国防衛にのみ傾注していればよかった冷戦期の発想である。

だが、07大綱策定時点では、対案となるはずの脅威対抗論も成立しなかった。秋山は振り返る。

北朝鮮、中国の脅威は、何となく漠然としてよく分からないけれども、それらを仮に新しい脅威として「脅威対抗論」を構成しようとしても、はっきり言って非常に難しい。中国がどうなるのかは分からないし、北朝鮮は核開発疑惑でなんか訳の分からないことをやっていたが、今のようにその脅威がはっきりしていたわけではない。それに、冷戦が終わった後に「脅威対抗論」というのはそもそも議論しにくい、これは無理だなと。他にいいアイデアもない中で、基盤的防衛力構想というのは極めて便利だった[83]。

大きな変更点は、基盤的防衛力構想と並ぶ旧大綱の柱だった「限定小規模侵略独力対処」の削除であろう。代わって明記されたのが、「直接侵略事態が発生した場合には、これに即応して行動しつつ、米国との適切な協力の下、防衛力の総合的・有機的な運用を図ることによって、極力早期にこれを排除する」という日米共同対処の方針だった。
一九七八年のガイドライン策定以降、日本の防衛政策の焦点は米軍との協力に移行し、米軍と自衛隊は、共同訓練を重ねるなどして運用面の連携強化を図った。秋山らの目には、自衛隊単独で対処する局面を想定した防衛論というのは、現実味を欠いた議論と映った。限定小規模侵略独力対処は、侵略の規模がいかなるものであっても当初から日米共同で対処することは当然だという理由で、葬られたのである。[84] 実際の運用を重視した結果の改変であったと言えよう。[85]
もっとも、削除に関しては、三つの視点から異論が出た。まず、連立与党の一角を占めていた社会党から、防衛力の上限を設定する根拠が失われるという声が上がった。軍拡につながるという見解である。これとは逆に、陸上自衛隊は、防衛力構築の目的がなくなり、際限ない防衛力水準の縮小につながると懸念した。さらに、「自主防衛の精神が欠落したという非難」（秋山）もあった。[86]
秋山は、社会党と陸自に対しては、あるべき防衛力の水準は大綱の別表に掲げられるので、懸念は解消すると説明した。[87] 別表とは、陸・海・空各自衛隊の編成や装備の数量を明記した一覧表で、51大綱にも付されていた。別表がある限り、無制限の軍拡も軍縮もあり得ないという理屈だ。自主防衛の精神の欠如という批判に関しては、秋山は「限定小規模侵略独力対処を掲げていれば、自主防衛の精神が維持できるという考えは、あまりに観念的なもの」と反発しつつ、07大綱中で十分な回答を提示し得なかったと忸怩《じくじ》たる思いを抱いたようだ。[88]
07大綱はこのほか、冷戦終結を受けた軍縮の機運や国際主義を踏まえた記述も含んでいた。具体的には、防衛力の「合理化・効率化・コンパクト化」を一層進めると表明するとともに、「より安定した安全保障環境の構築への貢献」という項目を設け、国連を中心とした国際安全保障への積極的関与をうたった。

この点をより詳しく紹介すると、07大綱は防衛力が果たすべき三つの役割として、「我が国の防衛」「大規模災害等各種の事態への対応」と並び、より安定した安保環境構築への貢献を挙げた。その上で、「貢献」の具体策として、①国際平和協力業務・国際緊急援助活動の実施、②安全保障対話・防衛交流の推進、③大量破壊兵器・ミサイルの拡散阻止や軍備管理・軍縮分野の活動への協力――を掲げた。樋口レポートの多角的安全保障の概念を取り込んだ形だった。

奇妙だったのは、日本周辺で発生した事態（周辺事態）への対処の取り扱いだ。第一次朝鮮半島核危機があったにもかかわらず、半島危機を想定した周辺事態対処に関しては、災害対応の項目の中で、憲法と関係法令に従い「日米安全保障体制の円滑かつ効果的な運用を図ること等により適切に対応する」と記すにとどまった。

秋山はこれに関し、大綱の原案がほぼ出来上がっていた一九九五年九月か十月に、米側と話をしていた統合幕僚会議事務局が周辺事態対処をどうしても入れたいと伝えてきたため、急遽《きゅうきょ》盛り込んだと説明している。[89] 秋山はさらに、首相が社会党の村山だったことに触れ、以下のように回顧している。

やっぱり無理してここに書いたんだね。〔中略〕当時としてはあまり目立たないように書かざるを得なかったわけです。社会党が困らないように、非常に抽象的に書いたんだ。うまくどこかにはめようがなくてここに書いた[90]。

長く自衛隊の存在を違憲としてきた社会党には、米国との防衛協力強化を定めた07大綱に「抵抗があった」(村山)ことは事実だ[91]。ただ、周辺事態対処の記述の不自然さを社会党への政治的配慮だけに帰すのは、一面的かもしれない。冷戦終結を受け国際的緊張は全般的に緩和したと考えられていた当時、「集団的自衛権の行使を禁じた憲法との間に緊張を生む」対米軍事協力には[92]、世論が厳しい目を向けていた。

このことは、日米両政府が進めていた同盟再確認について、日米安保体制の「再確認」と位置付けるべきか、「再定義」と呼ぶべきかで議論があったことからもうかがえる。駐米大使だった栗山尚一は、「再定義」の名の下で日米安保体制に新しい機能が付与され、とりわけ安保条約の対象地域の拡大が含まれるようになるなら好ましくないという見方が、日本国内や中国をはじめとする近隣諸国にあったようだと観察している[93]。

日本政府は、こうした空気を察していたはずだ。同盟再確認プロセスの掉尾《とうび》を飾った一九九六年四月の日米安保共同宣言では、実に九回も「再確認」という表現が登場する一方、「再定義」は一ヵ所もない。日米安保体制が変質するわけではなく、既存路線の重要性を確認し深化させたのだ、という含みである。大綱中で周辺事態対処が人目を引かない場所にひっそりと書き込まれたのも、同様の臭覚が働いた結果と捉えるのが自然だろう。

3　集団的自衛権抜きの日米軍事協力

日本の自立

では、「日米同盟の軍事的強化に関しては、依然として日本の政治と社会に抵抗感」（添谷）があった一九九五（平成七）年十一月の07大綱の決定時点から[94]、周辺事態対処での日米協力が最大の焦点となったガイドラインの改定作業着手までに、何があったのか。

具体的契機は、はっきりしている。ナイ・イニシアティブのハイライトとなった、一九九六年四月の橋本・クリントン会談で発表された日米安保共同宣言だ。

安保共同宣言は、日米安保体制をアジア太平洋地域の安定と繁栄維持の基礎と位置付け、「同盟関係が持つ重要な価値を再確認」した。その上で、地域における一〇万人の米軍の前方展開兵力維持をうたい、ガイドラインの見直し開始方針を表明した[95]。

実は、一九九五年十一月に予定されていたクリントン来日の際に発表されるはずだった安保共同宣言の当初案に、ガイドラインの改定方針ははっきりと書かれていなかった。改定の動きは、九六年一月に村山の辞任を経て誕生した橋本政権下で浮上したのだ[96]。

水面下では、橋本政権発足と同時期に外務省北米局審議官となり、首脳会談の再調整に当たった田中均の動きがあったとされる。

伊《い》奈《な》久喜《ひさよし》によれば、田中は就任早々の一九九六年一月下旬、サンフランシスコで開かれたセミナーに出席した。田中は参加していたカート・キャンベル米国防次官補代理や国防総省コンサルタントだったグリーンの前で、前年に出来上がっていた安保共同宣言を書き直し、ガイドライン見直しをより明確な表現で記すことに「同意」したという[97]。

田中自身は、伊奈が記したやり取りを交わした記憶はないとしつつ、クリントン来日に向けたキャンベルらとの事前協議で、安保共同宣言の内容について当初案を離れて「更地の議論」を行い、最優先課題だった普天間移設に加え、ガイドラインの見直しを盛り込みたいと伝えたと明かす[98]。

僕ら〔日本側〕は自衛隊の役割を拡大したいという思いがあり、日米防衛協力のガイドラインを見直してやっていきたいと〔考えていた〕。それはアメリカから出た話じゃなくて、僕らが出した話なんですね。〔中略〕防衛協力、ガイドラインの見直しを含め、日本としてこういうことをやりたいということをキャンベルに伝えた。〔中略〕「これは日本として国内的な問題を乗り越えていかなければいけない問題だから、どうぞお手並み拝見」みたいな感じだった[99]。

米側が指摘した「日本の国内的問題」とは、日本として集団的自衛権を行使できない中で、対米協力にどこまで踏み込めるのか、という懐疑であろう。

ただし、米側は田中の申し出を予想外とは受け止めなかったようだ。国防総省日本部長だったジアラらによれば、米側はナイ・イニシアティブ推進に向け一九九四年十月から一八ヵ月間の「作業計画」を作成し、九五年初頭に日本政府もこれに同意していた。作業計画には同年十一月のＡＰＥ

Cに合わせたクリントン訪日や、「新たな同盟関係についてまとめた安保宣言」への署名などが含まれ、宣言中にガイドライン見直しの提案を盛り込むことも目標に挙げていた。

とはいえ、作業計画の起草時点でガイドライン改定はそれほど重視されておらず、その重要性が認識されたのは一九九六年に入ってからだったということは、ジアラも認めている。[100] 平時から国家としての危機管理体制を整備しようと期し、朝鮮半島有事を念頭に置いた日米協力の確立、すなわち周辺事態対処を中心としたガイドラインの改定を目指した田中が、推進役を担ったことは疑いない。

田中を突き動かしたのは、湾岸戦争で人的貢献をできずに批判を浴びた「敗北感」と、第一次朝鮮半島核危機で感じた「焦り」だった。[101]

田中は外務省入省後、「米語」ではなく「英語」を学ぶため英オックスフォード大学に留学し、[102] 一九七〇年代末から八〇年代にかけて在米大使館員や本省北米二課長などとして日米経済摩擦に対処した。日米安保体制を管理する「安保官僚の流れ」の中にいた外交官ではない。[103] 田中自身の言葉を借りれば、「安保政策を巡って米国と激しく議論をする、という雰囲気にはない」日米安保の専門家たちと異なり、「「日米は対等な関係なのだ」というテーゼを具現化するための激しい争い」を厭わなかった。[104]

田中は、自身が関与した安保共同宣言に関し、日米安保条約で用いられている「極東」に代えて、「アジア太平洋」という言葉を一二回も使ったと強調している。

日米安保共同宣言を起草するに当たって、日米安保条約は〔中略〕「極東」のみならず、アジア太平洋地域の安定に政治的な役割を果たしてきたのだ、という常識論は書かねばならないと考えた。同時に、日本の安全保障政策を自立させたいという想いが強かった。米国と同盟関係にあり、米国に依存しているということは事実であるが、だからといって、日本は自分の安全保障政策を持っていない、などと言われるようになってはならないのである。[105]

意識されていたのは「対米対等」と「日本の自立」であった。施政方針演説で「外交面での私の基本方針は「自立」であります」と表明した橋本も、[106]こうした立場を共有していたのだろう。田中からガイドライン改定を進言された橋本は、「ぜひやってくれ」と指示したという。[107]日米首脳会談の延期と橋本政権への移行が、ガイドライン改定という副産物を生んだことになる。

安保共同宣言を受け、日米両政府は一九九六年五月二十八日、ハワイの米太平洋軍司令部で日米安全保障事務レベル協議（SSC）実務者会合を開き、改定作業に着手した。[108]同六月二十八日には日米次官級協議が行われ、平素から行う協力、日本に対する武力攻撃への対処行動等、日本周辺地域において発生し得る事態で日本の平和と安全に重要な影響を与える場合の協力――の三項目を研究・協議事項として設定した。[109]

三項目は、改定ガイドラインの構成の中核になった。最後の項目は、78ガイドライン中の「日本以外の極東における事態」に相当し、改定に当たり、「極東」を07大綱などで既に使っていた「日本周辺地域」に言い換えた。

続いて一九九六年七月十八日に外務省で開かれた第一回日米防衛協力小委員会（SDC）では、米側から示されたメモ（Non-Paper）を基に議論が交わされた。日米はこの際、改定について、日米安保条約に基づく日本および米国の権利に何ら影響を与えるものではない、日米同盟の枠組みを根本的に変えるものではない、日本の憲法の枠組みの中で行う――という原則を確認した[110]。「日米同盟の枠組み」とは、「米軍は矛、自衛隊は盾」の役割分担を指していた[111]。78ガイドラインの作成では、初期段階で「前提」が定められたが、改定でも日米は同様の手順を踏んだことになる。

手探りで一からガイドライン作成作業が進められた一九七〇年代との違いは、早くから焦点が明確だったことだ。日米の主な狙いは、日本有事に日米共同で対処する姿勢を鮮明にしつつ、集団的自衛権の問題を回避する形で実行可能な、周辺事態での協力の細目を定める点にあった。フランクリン・クレーマー米国防次官補（国際安全保障担当）は第一回SDCの席で、「現行ガイドラインの最後の部分は地域における不測の事態を取り上げているが、安保共同宣言に沿ってこの部分の詳細をさらに詰めることが適切だろう」との見解を示し、78ガイドラインで事実上先送りされた周辺事態での日米協力を具体的に規定するべきだと訴えた[112]。

最初にくぎを刺したのは米側だが、以降は周辺事態での自衛隊による米軍支援について、日本側に受け入れ不能な注文は付けなかった模様だ。日米協議がまだ初期段階だった一九九六年九月の時点で、米側は朝鮮半島で戦闘を行う「戦域」と戦域に隣接する「後方地域」の概略図を日本側に示し、「戦域内ではなく、後方地域に限定して協力を求めたい」と要請した[113]。戦域内での支援提供は、後述する米軍の武力行使との一体化という問題を引き起こすことを承知していたのだろう。田中は、

「日本の自衛隊が憲法との関係でできることを書くということだから、アメリカには判断できない。日本側で判断してくれ」というのが、「キャンベルの一貫した姿勢」だったと振り返っている。[114]米側は後方地域支援に関し、日本が自主的にどこまで取り組めるかを見極めようとしたのである。

これとは逆に、日本側が米国に前向きな対処を求め、「激しい議論」〔田中〕になったのが、邦人退避の問題だった。[115]文民の脱出は「非戦闘員退避活動」（NEO）と呼ばれ、米国務省は従来、相互協力をうたった協定が存在する英国とカナダ以外とは協力できないとの立場だった。[116]これに対し日本は、「のんでもらわないと、国内がもたない」として、邦人移送への米軍の協力を明記すべきだと最後まで唱えた。[117]自衛隊による対米協力の拡大が目立つ改定作業で、せめて邦人救出について米側の譲歩を得られないと、国内の支持を取り付け難くなるという主張である。

結局、NEOをめぐっては、日米それぞれが責任を持つとの自己責任原則を確認しながら、「各々の有する能力を相互補完的に使用しつつ〔中略〕計画に際して調整し、また、実施に際して協力する」と定めた。日本としては、米軍による邦人移送の確約は取り付けられなかったものの、少なくとも米国から協力を引き出す道筋は付けたことになる。

「独力対処」削除と周辺事態

日米両政府は作業に一年四ヵ月の時間をかけ、一九九七年九月二十三日にニューヨークで開いた小渕恵三《おぶちけいぞう》外相、久間章生《きゅうまふみお》防衛庁長官、マデレーン・オルブライト国務長官、ウィリアム・コーエン国防長官による日米安全保障協議委員会（2プラス2）で、改定ガイドライン（97ガイドライン）を了承した。97ガイドラインは、日米安保共同宣言という首脳間の政治宣言を日米軍事協力の具体策に落とし込む運用政策の性格を持ち、三つの特徴を挙げることができる。

まず、「限定小規模侵略独力対処」を放棄して日米共同での対日武力攻撃（日本有事）への対処を定め、次に周辺事態での協力を独立した項目として詳細に書き込んだ。さらに、安全保障面での日米協力について、日本の安全確保だけでなく、国際情勢の安定化に役立つと意義付け、公共財としての日米同盟の性格を強調した。

このうち、限定小規模侵略独力対処の放棄は、日本防衛に当たり米軍との連携を強化し、侵攻の規模に関係なく当初段階から日米共同で対処するとした運用政策を、米国との間で公式化したものだ。

78ガイドラインでは、日本は限定小規模侵略を独力で排除し、対応できない場合は「米国の協力をまって」排除するという時系列の手順が決められていた。しかし、前述のように日本政府は07大綱で、これを「実際のオペレーションとまったく異なるコンセプト」（秋山）と見なし、捨て去った[118]。「どんな小規模の水準でも、現実に外国からの武力侵攻があれば〔中略〕ほとんど当初から日米は協力して対処すること必至」だからだ[119]。

97ガイドラインはこうした認識を踏まえ、「日米防衛協力の中核的要素」である日本有事への共同対処の「基本的な考え方」として、「日本は、日本に対する武力攻撃に即応して主体的に行動し、極力早期にこれを排除する。その際、米国は、日本に対して適切に協力する」と定めた[120]。この書きぶりに関し、97ガイドライン策定時に防衛事務次官に昇任していた秋山は、07大綱決定の際に浴びた自主防衛の精神欠落という批判が「少しこたえたので」[121]、最初に「日本は主体的に行動し、極力早期にこれを排除する」と文章を完結させることで、「日本の防衛は日本がおこなうという精神を示したつもり」だと解説している。[122]

限定小規模侵略独力対処を取り下げたことで、日本の自主防衛の範囲は島嶼《とうしょ》防衛などに局限されることになった。[123] 指揮権に関しては、自衛隊と米軍は「各々の指揮系統に従って行動する」と78ガイドラインの表現を踏襲しつつ、新たに双方の活動を調整する「共同調整所」の設置を盛り込んだ。

97ガイドラインはさらに、日本有事の際の「共同作戦計画」と周辺事態での「相互協力計画」を検討するとうたった。78ガイドラインは、共同作戦計画および極東有事の際の日本による米軍への便宜供与のあり方について「研究」を行うとしていたが、これを「検討」へと一歩踏み込んだ表現に変えたのである。こうして、日米協力の強化が規定されたことにより、97ガイドライン以降、自衛隊と米軍の運用統合のレベルは、弾道ミサイル防衛(BMD)をはじめ、一貫して全般的に深まっていく。

78ガイドラインで陸上・海上・航空作戦という軍種別だった日本有事の際の「作戦構想」は、上記の「基本的な考え方」に基づき、「航空侵攻への対処」「日本周辺海域の防衛と海上交通保護」「着上陸侵攻への対処」「その他の脅威への対応」と、侵攻の態様別に整理し直された。陸海空の各部隊を作戦当初から一体的に運用する統合運用を念頭に置いた変更である。

今日の自衛隊の運用と絡む課題では、「その他の脅威への対応」の項目中で示された、弾道ミサイル攻撃対処が重要だ。これに関しては、自衛隊と米軍が密接に協力・調整し、米軍は必要に応じ「打撃力を有する部隊の使用を考慮する」と明記した。「自衛隊にはない米軍の打撃力による弾道ミサイル発射サイトの破壊などを念頭に置いた」記述であり[124]、法理上の是非はともかく、当時は自衛隊による敵基地攻撃能力の保有は想定されていなかったことが分かる。

０７大綱で大規模災害などへの対応の下位項目にとどまった周辺事態協力は、９７ガイドラインの目玉となった。ただし、集団的自衛権を行使できないという当時の憲法解釈を含め、武力行使を禁じる憲法第九条と矛盾しないよう、さまざまな制約が設けられた。

まず、周辺事態協力の核である米軍への後方地域支援をめぐっては、支援対象を「日米安全保障条約の目的達成のために活動する米軍」とわざわざ書き込んだ[125]。対米支援が、日米安保条約の領域外に拡大することへの懸念を拭払《ふっしょく》するためだった。

また、「後方地域支援は、主として日本の領域において行われるが、戦闘行動が行われている地域とは一線を画される日本の周囲の公海及びその上空において行われることもある」と意図的に記した。支援の提供場所を戦闘地域と区別することで、米軍の戦闘行為に加わったと見なされる可能性を排除したのである。

これには、自衛隊が補給などそれ自体は武力の行使に当たらない支援を実施する場合でも、支援を受けた国の部隊が武力を行使していれば、日本の武力行使として評価され、憲法に違反するという「武力行使との一体化」論が背景にあった。田中によれば、内閣法制局は当時、朝鮮半島で負傷した米兵が自衛隊病院で治療を受けた後に戦場に復帰すれば、武力行使の一体化になるとまで指摘していた。[126] 日本政府は、戦闘地域では米軍支援は行わないという点を明確にすることで、「憲法との関係で、米軍の武力行使と一体と見なされる行為が日本側でなされることを回避しよう」（秋山）と腐心したのだ。[127] 武器・弾薬の提供も、武力行使の一体化を避けるため、補給支援から除外された。[128]

対中国にあらず

97ガイドラインの主要項目となった周辺事態での日米協力をめぐっては、主に朝鮮半島有事を念頭に練られたものだという点を強調すべきだろう。中国は当時、ガイドライン見直しへの警戒を強め、例えば李鵬《りほう》首相は一九九七年九月四日に北京で橋本と行った会談で、周辺事態に関し「台湾は中国の内政問題だ。日米安保が台湾を範囲に入れることは中国人民は受け入れられない」と懸念を表明した。[129] こうした中国側の立場だけを見ると、97ガイドラインは台湾海峡有事を想定した対中牽制だとの印象を抱きかねない。

確かに、一九九五〜九六年の台湾海峡危機を受け、「中国脅威論」が広がってはいた。中国は九五年六月の李登輝《りとうき》・台湾総統の非公式訪米に反発してミサイル発射試験を実施し、九六年三月の台湾総統選の直前にも、ミサイル発射と軍事演習を繰り返した。

これに対しクリントン政権は空母二隻を台湾海峡に派遣し、中国に警告を発した。軍事的緊張は一気に高まり、橋本が「台湾で武力紛争が始まるんじゃないかと心配で夜も眠れない」と漏らしたほどだった。[130] ガイドライン改定方針を表明した日米安保共同宣言の発表は、台湾海峡危機が最も緊迫した九六年三月の翌月である。

しかし、だからと言ってガイドラインが中国を標的にしていたと説明できるわけではない。まず、安保共同宣言の準備作業は当初、クリントン来日が予定されていた一九九五年十一月公表というスケジュールを想定して進められていた。宣言の作成は、まだ台湾海峡の緊張が危機と呼べる段階ではなかった時に、日米同盟の更新を目的に始まったのであり、対中国での連携強化という意図は希薄だった。

さらに、日米は、軍事的圧力により地域の安定が達成されるとは見なしておらず、ガイドライン改定の過程で、中国や、伝統的に反日感情が強い韓国の過剰反応を引き起こさないよう多大な配慮を払った。橋本は一九九七年三月に来日したアル・ゴア米副大統領との会談で、「中国との関係で最も困難な問題は、中国が日米安保条約が変化したとの疑念を抱いており、これを払拭できないことである」と嘆息した。ゴアも「日米安保体制が中国に向けられたものではないことを理解させることが必要である」と応じている[131]。

外務省と防衛庁が、一九九七年六月のガイドライン改定作業の中間取りまとめ公表後、幹部を中韓に派遣したのも、理解を取り付けるための取り組みの一環だった[132]。97ガイドラインを了承した同九月の2プラス2では、オルブライトが「われわれは隣人の懸念に敏感である必要があり、引き続き透明性を維持せねばならない。彼らにわれわれが何をしているかを伝え、彼らはガイドラインが何をし、何をしないかを理解する必要がある」と訴えた[133]。

一方で、97ガイドラインが台湾有事をまったく度外視していたとまで言い切ることもできない。

一九九〇年代半ばの時点で、中国の経済・軍事的台頭は必然と考えられていた。安保共同宣言を終着点とするナイ・イニシアティブには、中国の地域覇権確立を阻止するため、日米同盟を背景に中国との関与を深め、同国を既存の東アジアの国際秩序に取り込むという狙いが込められていた。[134]米国が中国封じ込め政策を取ることはなかったが、クリントン政権内には、「中国脅威論的な見方」をする人間もいたのである。[135]

台湾海峡危機以降、橋本が台湾有事の文脈でもガイドライン見直しを捉えるようになったことも事実だった。[136]日本政府はガイドライン中の周辺事態協力ついて、朝鮮半島有事だけでなく、台湾有事にも適用可能であることを意識してはいた。[137]

だが、ガイドライン改定の引き金と焦点はあくまでも朝鮮半島有事であり、[138]日本政府は中国脅威論を言い立てることに慎重だった。橋本が気に掛けていたのも、中国の台湾侵攻に対する日米共同の軍事的対処ではなく、有事の際の台湾在留邦人の救出にあった。

橋本は二〇〇一年に行われた政治学者の五百旗頭真《いおきべまこと》とのインタビューで、安保共同宣言の内容も台湾海峡危機の影響を多少受けたと明かした上で、五百旗頭と次のような会話を交わしている。

五百旗頭　〔前略〕中国との場合に、日米同盟と米中関係が非常に緊張した場合、日本としてどういうふうに身の振り方を考えていったらいいのか、実はかなりジレンマに満ちた点があると思います。総理はこういう点をどういうふうにお考えですか。

橋本　そのときには細かいことを考えたらしょうがない。とにかく邦人を救うこと、まずそこだと、そういう焦点の絞り方をしています。[139]

では、ガイドライン改定のきっかけは台湾海峡危機ではなく、その狙いも中国牽制《けんせい》にはないことを、どうやって中国に説明するのか。日米両政府は結局、中間取りまとめにはなかった「周辺事態の概念は、地理的なものではなく、事態の性質に着目したものである」という表現をガイドラインの完成版に追加した。日米間で共有していた認識を、明文化したのである。一九九七年十月に北京を訪れた丹波實《たんばみのる》外務審議官は中国の唐家璇《とうかせん》外相と会談し、「「周辺事態」については、「特定の地域における事態を議論して行ったものではない」ことを新たに〔ガイドラインに〕明記した」と強調した。[140]

田中の証言に基づく、中国外務省の王毅《おうき》アジア局長とのやり取りは、より詳細だ。

王毅　これ〔ガイドライン〕は台湾海峡に適用になるんですか。

田中　中国がどういう行動を起こすかによって、邦人に対する安全が危うくなるだろう。国連で中国の行動は国際法規に違反するものだとなった時、日本は当然のことながら、米軍を支援する。そういう意味では、中国の行動次第で適用対象になる。

王毅　日本が国際法を遵守して行動されることを期待する。[141]

一九九〇年代半ばの日本の対中認識は、警戒の対象ではあるが脅威には至らないという、ニュアンスに富んだものだった。

公共財としての日米同盟

最後に、限定小規模侵略独力対処の放棄、周辺事態での日米協力と並び、97ガイドラインの特徴となった、公共財としての日米同盟という性格の強調は、「平素から行う協力」という大項目中の以下のくだりを読めば明らかだ。

安全保障面での地域的な及び地球的規模の諸活動を促進するための日米協力は、より安定した国際的な安全保障環境の構築に寄与する。

97ガイドラインはこのための具体的連携として、PKOや人道的国際救援活動で「相互支援のために密接に協力する」と定めた。樋口レポートの柱となった多角的安保の概念に象徴される国際主義を、日米軍事協力の文脈に位置付けようと努めた形跡がうかがえる。

この点で象徴的なのは、周辺事態での日米協力の項目中に、国連安全保障理事会の決議に基づく船舶検査が明記されたことだ。国連の枠組みで実施される経済制裁への参加、つまり国際安全保障分野での活動への参加を、日米二国間同盟に基づく協力の一つに挙げたのである。

周辺事態での米軍への支援提供は、自主的な対米協力の拡大という78ガイドライン以降の方向性の延長線上にあった。ただ、97ガイドラインはそれだけにとどまらず、国際秩序の形成と維持に貢献しようという冷戦後に芽生えた新たな意識、新たな日本の自主性を、日米安保体制の枠内に取り込んだのである。外務省でガイドライン作成を主導した田中は、「ガイドラインは集団的自衛権の行使をしない前提のものであり、多くの制約を持っていたのはやむを得ない」と認めつつ、「これを出発点として日本の安全保障政策が大きく発展していくことを期待した」と記している。[142]

こうした一種の強引さを、敏感に察した政治家もいた。最大野党・新進党の党首となっていた小沢一郎である。小沢は、周辺事態協力の中に船舶検査が盛り込まれたことを批判した。田中が回顧する。

「君、ごまかしているじゃないか。日本の独自のイニシアチブという位置づけで、新しい法律を作るんだったら分かる。しかし、本来国連との協力であるものを、日米協力の中に紛れ込ませて、ごまかしているじゃないか」と。実は、それは正論だったのだろう。〔中略〕私は「この日米防衛協力の指針の見直しの機会に、こういう形で盛り込んで、徐々に話を進めていかない限り出来ないではないですか。船舶検査の話はこれから切り離して、独自の法律として成立させることになると思いますが、物事を動かすきっかけを作るのがなぜ悪いことなのでしょうか」と反論した。[143]

自民党を飛び出して細川政権発足の立役者となり、注目を浴び続けた小沢は、九三年に自身の政策を記した『日本改造計画』を世に問うていた。前書きなど一部を除き、政治学者の北岡伸一《きたおかしんいち》らが原案執筆を担った同書は、小沢が宮澤喜一内閣に対する不信任案に賛成し、自民党を割ろうというタイミングで刊行された。小沢はこの中で、「世界の大国」になった日本には国際社会の平和と安定を維持する「責任と役割」があり、「普通の国」として海外での武力活動を含め安全保障面で貢献しなければならないと説いていた。[144]

『日本改造計画』は、国連の要請で出動し国連の指揮下に完全に入る国連待機軍の設置、国連による核兵器の管理といった目もくらむような国連中心主義を基調とする一方、[145]日米安保体制に関する具体的提言をほとんど含んでいない。国連中心主義と日米安保体制の関係をめぐっても、米国が「国連重視の平和戦略」に転換し「徹頭徹尾、国連とともに活動する」ようになれば、「日本はアメリカ重視と国連中心主義を矛盾なく両立させることができる」と楽観的・予定調和的な見解を示すにとどまる。[146]

小沢が官僚や北岡ら当時三十～四十代だった新進の学者らと数十回の勉強会を重ね、原案に手を加えた末に完成させた『日本改造計画』は、旧体制打破に向けた決意表明であった。[147]同書がベストセラーとなり耳目を集めたことから分かるように、小沢の国連中心主義は、湾岸戦争後に台頭した国際主義の一形態だったのだ。

小沢は、「普通の国」という新たな国家像の基本理念である国際主義を、ガイドラインという既存の日米安保路線を象徴する文書の中で語ることに「ごまかし」を感じたのだろう。しかし、第一次朝鮮半島核危機や安保共同宣言を経て、日米安保体制が安保政策の基盤であることが再確認された以上、政府としては、国際主義を日米安保路線の論理と矛盾しないように再定義する必要があったのである。

日米同盟と国際安全保障

日本政府はガイドライン改定後、田中の考えた通り、その実効性を確保するために関連法制を整備した。一九九九年制定の周辺事態法と、二〇〇〇年制定の船舶検査活動法である。ガイドラインを梃子に日本の安保法制を構築するという「本末転倒」の構図は97ガイドラインで顕著となり[148]、次章で見る通り、一五年の再改定では、ガイドラインは憲法解釈の変更を導く触媒としての役割を果たすことになる。

一方、体制整備だけでなく、自衛隊の活動もガイドライン改定を経て、内容、範囲の両面で拡大した。

日本にとって最初の「テスト」は、米軍によるアフガニスタン攻撃の際の対応だった。ジョージ・W・ブッシュ政権は二〇〇一年九月の米同時多発テロ事件後、容疑者だった国際テロ組織アルカイダの指導者ウサマ・ビンラディンの引き渡しを拒否したアフガンのタリバン政権攻撃に動いた。日本政府は、「ショー・ザ・フラッグ」という米側の求めに応じ、テロ対策特別措置法（テロ特措法）を成立させ[149]、海上自衛隊の艦艇によるインド洋での多国籍軍への給油活動を開始した。

二〇〇三年の米国主導のイラク戦争後も、米軍支援という課題に直面した。小泉純一郎政権はイラク復興支援特別措置法（イラク特措法）を制定し、多国籍軍への要員・物資の輸送やイラク南部サマワでの人道復興支援活動のため、空自と陸自を派遣した。

二本の特措法に基づく自衛隊の活動を対米追随という視点だけで理解しようとすると、重要な側面を見逃すことになる。テロ特措法は米同時テロを「国際の平和及び安全に対する脅威」と認定した国連安保理決議一三六八などを、イラク特措法はイラク復興支援を国連加盟各国に求めた安保理決議一四八三をそれぞれ根拠としていた。日本政府は両特措法に基づく自衛隊の活動を、「国際的な平和協力」と位置付けたのである。[150]

小泉政権は日米同盟を意識して政策決定に当たり、国際安全保障上の課題だという視点を軸に自衛隊の活動について説明したわけではない。だが二本の特措法は、日米同盟を公共財と捉え、日米軍事協力と国際安全保障の両立を図った97ガイドライン路線の延長上にあるのだ。

注

1 船橋洋一『同盟漂流』上（岩波現代文庫、二〇〇六年）一五一頁。
2 「SACO設置などの経緯」（https://www.mod.go.jp/j/approach/zaibeigun/saco/saco_final/keii.html）二〇二三年十月十四日閲覧。
3 「橋本内閣総理大臣及びモンデール駐日米国大使共同記者会見」（https://warp.ndl.go.jp/info:ndljp/pid/9613943/www.kantei.go.jp/jp/hasimotosouri/speech/1996/kisya-0515-1.html）二〇一九年九月二十九日閲覧。
4 前掲『同盟漂流』上、一五二頁。
5 『朝日新聞』一九九六年四月十五日。
6 栗山尚一『日米同盟　漂流からの脱却』（日本経済新聞社、一九九七年）九頁。
7 川上高司『米軍の前方展開と日米同盟』（同文舘出版、二〇〇四年）二四六頁。

8　United States. Office of the Assistant Secretary of Defense (International Security Affairs)., United States. Dept. of Defense, *A Strategic Framework for the Asian Pacific Rim: Report to Congress: Looking Toward the 21st Century* (Washington, D.C: Dept. of Defense, 1990) HathiTrust Digital Library（https://babel.hathitrust.org/cgi/pt?id=uc1.31822018798785&view=1up&seq=5）二〇一八年十二月四日閲覧。

9　前掲『米軍の前方展開と日米同盟』八七－八九頁。

10　同右。

11　前掲『同盟漂流』下、八五頁。

12　同右、五七－六七頁。

13　前掲『日米同盟　漂流からの脱却』一三六頁。

14　同右。

15　秋山昌廣『日米の戦略対話が始まった』（亜紀書房、二〇〇二年）四四頁。

16　"Address Before a Joint Session of the Congress on the Persian Gulf Crisis and the Federal Budget Deficit, September 11, 1990," The American Presidency Project (APP)（https://www.presidency.ucsb.edu/documents/address-before-joint-session-the-congress-the-persian-gulf-crisis-and-the-federal-budget）二〇二三年十月十六日閲覧。

17　「日米首のう会談（湾がん情勢及びわが国の対中東こうけん策）」一九九〇年九月三十日（外務省外交史料館、令和三年十二月二十二日外交記録公開）ファイル名『日米関係』分類番号 2021-0532。筆者が適宜、原文のかな表記を漢字表記に修正したり、読点を打ったり、略したりしているが、煩雑になるので修正箇所は明示しない。

18　佐藤真央「研究員ノート（旧＠PKOなう！）第１１６回　国際平和協力法が成立するまで」内閣府ホームページ（https://www.cao.go.jp/pko/pko_j/organization/researcher/atpkonow/article116.html）二〇二三年十月

十六日閲覧。
19 海部俊樹『政治とカネ――海部俊樹回顧録』(新潮新書、二〇一〇年)一二二―一二三頁。
20 「海部総理とクウェイル副大統領との会談(湾岸危機)」一九九〇年十一月十五日(外務省外交史料館、令和二年十二月二十三日外交記録公開)ファイル名『即位の礼(日・諸外国要人会談)』分類番号2020-0543。
21 前掲『政治とカネ』一二〇頁。半田滋『「戦地」派遣――変わる自衛隊』(岩波新書、二〇〇九年)四七頁。
22 手嶋龍一『外交敗戦――130億ドルは砂に消えた』(新潮文庫、二〇〇六年)三九九―四〇一頁。
23 田中明彦『20世紀の日本2 安全保障――戦後50年の模索』(読売新聞社、一九九七年)三〇九―三一〇頁。
24 前掲『政治とカネ』一一七頁。
25 同右、一二〇頁。
26 添谷芳秀『入門講義 戦後日本外交史』(慶應義塾大学出版会、二〇一九年)一九六頁。
27 五百旗頭真編『戦後日本外交史 第3版』(有斐閣、二〇一〇年)二三八頁。
28 「国際主義の覚醒」については、添谷芳秀『安全保障を問いなおす――「九条―安保体制」を越えて』(NHKブックス、二〇一六年)第二章を参照。
29 前掲『同盟漂流』下、二一一頁。
30 前掲『日米の戦略対話が始まった』三四頁。宮岡勲「防衛問題懇談会での防衛力のあり方検討――防衛庁の主導的関与を中心として」河野康子、渡邉昭夫編『安全保障政策と戦後日本 1972~1994――記憶と記録の中の日米安保』(千倉書房、二〇一六年)一七五―一七六頁。
31 「渡辺昭夫氏インタビュー 1998年12月5日 聞き手 村田晃嗣」The National Security Archive, The U.S.-Japan Project, Oral History Program (https://nsarchive2.gwu.edu/japan/awatanabe.pdf) 二〇二三年十月十七日閲覧。
32 河野康子「樋口レポートの作成過程と地域概念――冷戦終結認識との関連で」前掲『安全保障政策と戦後日

本 1972～1994』一一五頁。

33 同右。

34 細川護熙『内訟録 細川護熙総理大臣日記』(日本経済新聞出版社、二〇一〇年)四〇六－四〇七頁。

35 前掲「渡辺昭夫氏インタビュー」。

36 防衛問題懇談会「日本の安全保障と防衛力のあり方——21世紀へ向けての展望」一九九四年八月十二日、データベース「世界と日本」(https://worldjpn.net/documents/texts/JPSC/19940812.O1J.html) 二〇一八年十一月三十日閲覧。以下、引用、紹介する樋口レポートの内容は本資料による。

37 前掲『日米の戦略対話が始まった』四〇－四三頁。宮岡「防衛問題懇談会での防衛力のあり方検討」一六六頁。

38 前掲『同盟漂流』下、二六頁。

39 前掲「樋口レポートの作成過程と地域概念」一〇九－一一三頁。

40 前掲『日米の戦略対話が始まった』四五頁。

41 前掲「渡辺昭夫氏インタビュー」。

42 前掲『日米の戦略対話が始まった』五三頁。

43 前掲「渡辺昭夫氏インタビュー」。

44 前掲『同盟漂流』下、三頁。

45 "North Korea Nuclear Agreement: Hearings Before the Committee on Foreign Relations, United States Senate, One Hundred Fourth Congress, First Session, January 24 and 25, 1995," p. 15, HathiTrust Digital Library (https://babel.hathitrust.org/cgi/pt?id=uc1.31210014068405&view=1up&seq=19) 二〇二〇年五月十九日閲覧。

46 『日本経済新聞』二〇一九年六月二十七日。

47 前掲『日米の戦略対話が始まった』一二五―一二六頁。

48 読売新聞政治部編著『安全保障関連法――変わる安保体制』（信山社、二〇一五年）一八一頁。

49 田中均『外交の力』（日本経済新聞出版社、二〇〇九年）六三頁。

50 『日本経済新聞』二〇一九年六月二十七日。

51 『読売新聞』二〇〇六年四月三日。

52 同右、二〇〇三年一月四日。

53 前掲『外交の力』六四頁。

54 マイケル・ジョナサン・グリーン（佐藤丙午訳）「能動的な協力関係の構築に向けて」入江昭、ロバート・ワンプラー編『（日本語版）日米戦後関係史』（講談社インターナショナル、二〇〇一年）一七三頁。

55 Joseph S. Nye, Jr., *Bound To Lead: The Changing Nature of American Power* (New York: Basic Books, 1990) pp. 259-261.

56 Ibid., p. 241.

57 前掲「能動的な協力関係の構築に向けて」一七二頁。

58 前掲『同盟漂流』下、一五―一六頁。

59 同右、二九―三一頁。

60 同右、四五頁。

61 United States. Office of the Assistant Secretary of Defense (International Security Affairs), *United States Security Strategy for the East Asia-Pacific Region* (Washington, D.C.: Dept. of Defense, Office of International Security Affairs, 1995) p. 1, HathiTrust Digital Library（https://babel.hathitrust.org/cgi/pt?id=uc1.31210023599226&view=1up&seq=7）二〇一八年十二月七日閲覧。

62 Ibid., p. 24.

63 前掲『日米の戦略対話が始まった』四六頁。
64 United States. Office of the Assistant Secretary of Defense (International Security Affairs), *United States Security Strategy for the East Asia-Pacific Region*, p. 10.
65 Ibid., pp. 25-26.
66 Ibid., p. 3.
67 前掲『安全保障を問いなおす』一二二頁。
68 秋山昌廣（真田尚剛、服部龍二、小林義之編）『元防衛事務次官 秋山昌廣回顧録——冷戦後の安全保障と防衛交流』（吉田書店、二〇一八年）一七七頁。
69 前掲『同盟漂流』下、七八－八四頁。
70 Ezra F. Vogel and Paul Giarra, "Renegotiating the U.S.-Japan Security Relationship, 1991-96," Michael Blaker, Paul Giarra and Ezra F. Vogel, *Case Studies in Japanese Negotiating Behavior* (Washington, D.C.: United State Institute of Peace Press, 2002) p. 118.
71 Ibid.
72 前掲『同盟漂流』下、七二頁。
73 Vogel and Giarra, "Renegotiating the U.S.-Japan Security Relationship,1991-96," p.118.
74 前掲『日米の戦略対話が始まった』四九頁。
75 前掲『元防衛事務次官 秋山昌廣回顧録』一七八頁。
76 同右、一五四頁。
77 千々和泰明『安全保障と防衛力の戦後史 1971～2010——「基盤的防衛力構想」の時代』（千倉書房、二〇二一年）一〇一－一〇八頁。
78 吉田真吾『日米同盟の制度化』（名古屋大学出版会、二〇一二年）二四二－二四四頁。

79 「鮫島博一氏（元統幕議長） １９９７年６月６日 水交会」The National Security Archive, The U.S.-Japan Project, Oral History Program（https://nsarchive2.gwu.edu/japan/samejima.pdf）四頁（二〇二一年二月十日閲覧）。

80 Briefing Memorandum From the Director of the Bureau of Politico-Military Affairs (Vest) to the Acting Secretary of State (Robinson), *Foreign Relations of the United States, 1969–1976*, Volume XXXV, National Security Policy, 1973-1976（https://history.state.gov/historicaldocuments/frus1969-76v35/d84）二〇二三年三月九日閲覧。

81 「平成８年度以降に係る防衛計画の大綱」（https://warp.da.ndl.go.jp/info:ndljp/pid/11591426/www.mod.go.jp/j/approach/agenda/guideline/1996_taikou/dp96j.html）二〇一八年十二月一日閲覧（以下、０７大綱を引用した本文中の記述はいずれも本資料に基づく）。

82 『防衛白書 平成４年度版』（http://www.clearing.mod.go.jp/hakusho_data/1992/w1992_02.html）二〇二三年三月十四日閲覧。

83 前掲『元防衛事務次官 秋山昌廣回顧録』一八六頁。

84 前掲『日米の戦略対話が始まった』一〇四頁。

85 前掲『安全保障と防衛力の戦後史 １９７１～２０１０』一九三―一九八頁。

86 前掲『日米の戦略対話が始まった』一〇三―一〇六頁。

87 同右、一〇四頁。

88 同右、一〇五頁。

89 前掲『元防衛事務次官 秋山昌廣回顧録』一九一―一九二頁。

90 同右。

91 村山富市（梶本幸治、園田原三、浜谷惇編）『村山富市の証言録――自社さ連立政権の実相』（新生舎出版、二〇一一年）一七一頁。
92 『朝日新聞』一九九五年十一月三十日。
93 前掲『日米同盟　漂流からの脱却』二五八頁。
94 前掲『安全保障を問いなおす』一二四頁。
95 「日米安全保障共同宣言──21世紀に向けての同盟（仮訳）」（https://www.mofa.go.jp/mofaj/area/usa/hosho/sengen.html）二〇一八年十二月一日閲覧。
96 前掲『元防衛事務次官　秋山昌廣回顧録』一五八頁。
97 伊奈久喜「ドキュメント　9・11の衝撃──そのとき、官邸は、外務省は」『外交フォーラム』編集部編『「新しい戦争」時代の安全保障──いま日本の外交力が問われている』（都市出版、二〇〇二年）一八一頁。
98 田中均とのインタビュー（二〇二三年十月二十六日、東京）。
99 同右。
100 Vogel and Giarra, "Renegotiating the U.S.-Japan Security Relationship,1991-96," pp. 121-122.
101 前掲『外交の力』六九－七〇頁。
102 同右、一二頁。
103 伊奈久喜『戦後日米交渉を担った男──外交官・東郷文彦の生涯』（中央公論新社、二〇一一年）二〇九頁。
104 前掲『外交の力』三六頁。
105 同右、八八頁。
106 「第百三十六回国会　衆議院会議録第一号（一）」一九九六年一月二十二日、五頁。
107 五百旗頭真、宮城大蔵編『橋本龍太郎外交回顧録』（岩波書店、二〇一三年）一六九頁。
108 『朝日新聞』一九九六年五月二十九日。
109 『朝日新聞』一九九六年六月二十九日。『毎日新聞』一九九六年六月二十九日。

110 U.S.-Japan Subcommittee on Defense Cooperation: First Meeting, July 29, 1996, Case No. F-2009-02657（情報公開法による公開で、米国務省の専用ウェブサイトから閲覧可能（https://foia.state.gov/Search/Results.aspx?caseNumber=F-2009-02657）二〇一九年九月二十九日閲覧。
111 前掲『日米の戦略対話が始まった』二五〇頁。
112 U.S.-Japan Subcommittee on Defense Cooperation: First Meeting, July 29, 1996.
113 『朝日新聞』一九九七年八月一日。
114 前掲、田中とのインタビュー。
115 同右。
116 同右。
117 『朝日新聞』一九九七年九月一日。
118 前掲『日米の戦略対話が始まった』一〇四頁。
119 同右。
120 「日米防衛協力のための指針」（https://www.mod.go.jp/j/presiding/treaty/sisin/sisin.html）二〇一八年十二月三日閲覧。以下、９７ガイドラインを引用した記述はいずれも本資料に基づく。
121 前掲『日米の戦略対話が始まった』一〇五頁。
122 同右、二五八頁。
123 同右。
124 同右、二五九頁。
125 同右、二六五頁。
126 前掲、田中とのインタビュー。
127 前掲『日米の戦略対話が始まった』二六六頁。

128　同右。
129　『朝日新聞』一九九七年九月五日。『読売新聞』一九九七年九月五日。
130　黒江哲郎『防衛事務次官　冷や汗日記——失敗だらけの役人人生』(朝日新書、二〇二二年)六九頁。
131　「ゴア副大統領と橋本総理のワーキングランチ(別電2:日米安保関係)」一九九七年三月二十四日(外務省開示文書、請求番号2019-00243)。
132　『朝日新聞』一九九七年六月十五日、同年六月二十日、同年九月三十日。
133　September 23 Meeting of the U.S.-Japan Security Consultative Committee (2 Plus 2), October 15,1997, Case No. F-20009-02657(情報公開法による公開、前掲ウェブサイトで閲覧可能)二〇一九年九月二十九日閲覧。
134　前掲『同盟漂流』下、五九—六一頁、八七—八九頁。Joseph S. Nye, Jr., "East Asian Security: The Case for Deep Engagement," *Foreign Affairs*, vol. 74, No. 4 (July/Augsut, 1995) pp. 99-102も参照。
135　前掲「日米の戦略対話が始まった」二二二頁。
136　前掲『元防衛事務次官　秋山昌廣回顧録』一六〇頁。
137　前掲『安全保障を問いなおす』一四一頁。
138　前掲『元防衛事務次官　秋山昌廣回顧録』一五九頁。
139　前掲『橋本龍太郎外交回顧録』七六—七七頁。
140　「新指針の策定(丹波外審による対中説明)(2の1)」一九九七年十月九日(外務省開示文書、請求番号2019-00260)。
141　前掲、田中とのインタビュー。
142　前掲『外交の力』九二頁。
143　同右、九三—九四頁。
144　小沢一郎『日本改造計画』(講談社、一九九三年)一六、一〇三—一〇四、一二六頁。

145 同右、一三〇―一三七頁。

146 同右、一一六、一三〇頁。

147 御厨貴、芹川洋一『日本政治 ひざ打ち問答』（日本経済新聞出版社、二〇一四年）七二―七三頁。北岡伸一「学問と政治～新しい開国進取 安全保障編6 小沢一郎氏への助言と幻の「北岡党首」論」『中央公論』二〇二三年五月号、一四〇―一四八頁。北岡伸一とのインタビュー（二〇二二年五月、東京）。

148 前掲『外交の力』九五頁。

149 吉次公介『日米安保体制史』（岩波新書、二〇一八年）一六九―一七二頁。

150 外務省編『外交青書 平成17年版』五頁。

第三章　憲法の限界

――15ガイドライン

米国防総省で、海兵隊の垂直離着陸輸送機MV22オスプレイに乗り込む森本敏防衛相（右から2人目、2012年8月3日、筆者撮影）

1　日米間の亀裂

起点は森本―パネッタ会談

二〇一二（平成二十四）年八月三日、米首都ワシントン郊外にある国防総省の北面玄関前の庭に、海兵隊の垂直離着陸輸送機MV22オスプレイの姿があった。五角形（ペンタゴン）をした庁舎の北側の一辺に位置する北面玄関の車寄せは、訪問する要人らの出入り用に使われている。

オスプレイは、ローターの回転音を轟かせながら後部ハッチを開けて待機していた。国防総省でレオン・パネッタ国防長官との会談を終えた森本敏《もりもとさとし》防衛相が、搭乗を希望していたのだ。

庁舎から現れた森本は、イヤーマフ（防音用ヘッドフォン）付きの白いヘルメットを被り、回転翼の吹き下ろす風が芝生を揺らす中を、海兵隊員に付き添われてオスプレイに乗り込んだ。オスプレイは青空に向けてふわりと離陸すると、あっという間に小さな黒点となって南へ飛び去った。行き先は、約五〇キロ離れたクアンティコ米海兵隊基地だった。

森本は基地視察のためにオスプレイに試乗したわけではなかった。狙いは、オスプレイの乗り心地を五感で確認し、その安全性を日本国内向けにアピールすることにあった。「快適だった」「想像以上に飛行が安定していた」。森本は国防総省と同基地をオスプレイで往復した後、記者団に感想を語ってみせた。[1]
米軍は二〇一二年十月から沖縄県宜野湾市の米軍普天間飛行場でオスプレイを運用する計画を固め、森本が国防総省を訪れた時点で、配備予定の一二機が山口県岩国《いわくに》市に到着していた。オスプレイが一二年に入り相次いで墜落事故を起こしていたこともあり、過剰な基地負担に苦しむ沖縄の反発は強かった。この年六月の防衛相就任後初となった森本の外遊については、「オスプレイの沖縄配備を巡り、安全性の確保要請に全力を挙げた」と報じられた。[2]
ただ、パネッタとの会談で主要議題になったのは、オスプレイ問題ではなかった。[3] 日米両政府は森本の訪米前にこの問題をめぐって協議を重ねており、防衛トップ同士で何かを決める必要はなかった。
会談ではむしろ、北朝鮮情勢を主とする「戦略的」課題の討議に、多くの時間が割かれた。[4] 北朝鮮は二〇一二年四月、実態は長距離弾道ミサイルの発射だったとみられる「人工衛星」の打ち上げを強行する一方、第二次大戦の終戦前後に後の北朝鮮領内で死亡した日本人の遺骨返還に前向きな姿勢を見せるなど、硬軟両様で日本に揺さぶりを掛け続けていた。
森本によると、パネッタとの議論の中で切り出したのが、「日米防衛協力のための指針」（ガイドライン）の再改定だった。森本は、二〇〇四年を最後に日本の有事法制の整備が止まり、「宿題がいっぱい残っているのに、ガイドラインの変更が全然行われずに、事態がどんどん進んでいく」状況に危機感を抱いていた。[5]「［ガイドラインの］見直しについて研究するということを私は提案した

第三章関連年表（1）

年	月	事　項
２００１	4	米中軍用機接触事故（海南島事件）
	9	米同時多発テロ
	10	米英軍、アフガニスタン攻撃開始
	11	「テロ対策特措法」「自衛隊法の一部を改正する法律」を公布・施行。海自艦艇が協力支援活動などのため出港
２００３	3	米英軍など、対イラク攻撃開始
	7	「イラク人道復興支援特措法」成立
	12	弾道ミサイル防衛システムの導入を政府決定
２００４	2	第一次イラク復興支援群出発
	5	日朝首脳会談（平壌）
	12	１６大綱、閣議決定
２００５	2	日米安全保障協議委員会（２プラス２、ワシントンＤＣ）、日米共通の戦略目標を確認
	10	日米安全保障協議委員会（２プラス２、ワシントンＤＣ）、「日米同盟：未来のための変革と再編」共同発表
	12	「弾道ミサイル防衛用能力向上型迎撃ミサイルに関する日米共同開発について」閣議決定
２００６	7	北朝鮮、テポドン２号含む７発の弾道ミサイル発射
	10	北朝鮮、初の地下核実験
２００７	1	中国、衛星破壊実験
	8	「日米軍事情報包括保護協定」署名・発効
	11	テロ対策特措法に基づくインド洋での給油活動の終結に関する命令発出
	12	米陸軍第一軍団の前方司令部がキャンプ座間に発足
２００８	2	補給支援特措法に基づきインド洋で海自補給艦が給油再開
	5	宇宙基本法、参議院本会議で可決成立
２００９	3	ソマリア沖での海賊対処のため海上警備行動発令
	5	北朝鮮、２回目の地下核実験
	9	鳩山内閣成立
２０１０	4	第一回核セキュリティ・サミット（ワシントンＤＣ）
	5	米国「国家安全保障戦略」（ＮＳＳ）公表
	9	尖閣諸島周辺で中国漁船が海保巡視船に衝突
	12	２２大綱、閣議決定
２０１１	3	東日本大震災
	6	オバマ大統領、アフガン駐留米軍の撤収方針発表
	9	野田内閣成立
	12	米軍イラク撤退完了
２０１２	6	森本防衛相就任
	9	政府、尖閣三島購入所有権獲得
	12	北朝鮮、長距離弾道ミサイル発射。中国機による初の領空（尖閣周辺）侵犯

いんだけど、どうか」という森本の呼び掛けに、パネッタは「大賛成だ。是非ともやろう」と応じた。[6]

日米両政府が一九九七年のガイドライン改定から二〇一二年までの間、防衛協力の深化に向け何もしていなかったわけではない。日米は〇五年の二月と十月に安全保障協議委員会（2プラス2）を開き、「共通戦略目標」を記した共同発表と「日米同盟：未来のための変革と再編」と題する文書をそれぞれ公表した。[7]

いずれも、冷戦終結を受けたグローバルな米軍再編と連動した、「防衛政策見直し協議」（DPRI）の成果だった。DPRIは、同盟の目標の再設定、米軍と自衛隊の「役割・任務・能力」の見直し、在日米軍の再編を主眼とし、[8]〇一年の米同時テロとその後の対テロ戦といった安保環境の変化を踏まえた日米同盟の方向性を包括的に整理する試みだった。[9]中でも「未来のための変革」は、日米両政府として自衛隊と米軍の役割・任務・能力を検討した結果、日米の弾道ミサイル防衛（BMD）指揮・統制システム間の緊密な連携が「実効的なミサイル防衛にとって決定的に重要となる」などと強調していた。[10]

だが、その後の日米協議は思うように進展していなかった。防衛政策の最大の焦点が、普天間飛行場の代替施設建設に移行したためだ。日米両政府ともこの問題にエネルギーを割かれ、抜本的な防衛協力の再検討に乗り出す余裕を失っていた。[11]二〇〇五年の一連の2プラス2文書には「重視すべき協力項目が羅列されているだけ」で、[12]米国防総省内では一二年春ごろまで、2プラス2文書に沿った役割・任務・能力の見直しが積み残しの主要課題だと認識されていたのである。[13]

これに対し森本は、一向に成果を生まない役割・任務・能力の見直しではなく、ガイドラインの再改定を通じて日米の役割分担と日本の防衛政策を大きく変えていこうと考えた。念頭にあったのは、集団的自衛権の行使解禁だ。

まずガイドラインを直して、日米がもう少し実質的な防衛協力ができるようにしましょうよ、というのが意見だった。それで、集団的自衛権とは言っていないけれど、僕はそれをやると必ず集団的自衛権に踏み込むなということは自分で予感していた。役割分担を、ロール・アンド・ミッションを見直したら、必ず今までよりも〔日本が〕プラスアルファの役割を果たさないと同盟が維持できない。当然そこは集団的自衛権に踏み込むな、と。つまり逆のアプローチで、ガイドラインから集団的自衛権の問題に踏み込んでいくというアプローチを私は取ろうとした。[14]

森本はパネッタとの間で、火種となっていたオスプレイの日本配備に関し、住民の安全に配慮して同機を運用していく方針を確認した上で、ガイドラインの再改定を「研究・議論していくことが重要」との認識で一致した。[15] 森本から集団的自衛権の問題を提起することはなかったが、会談はガイドライン再改定作業の事実上の起点となったのである。

民主党政権への不信

ガイドライン再改定とオスプレイ問題の沈静化は、別個の課題である。しかし、当時の野田佳彦《のだよしひこ》政権にとっては、ぎくしゃくしていた日米関係の立て直しを目的にしていたという意味で、底流でつながっていた。

日米間の軋轢の大元となったのは、二〇〇九年八月の総選挙で自公政権を倒して発足した民主党の鳩山由紀夫政権の普天間飛行場移設政策だった。鳩山は選挙の約一ヵ月前の七月に沖縄を訪れ、同県名護《なご》市辺野古《へのこ》沿岸部への移設が決まっていた普天間について「県外移設に県民の気持ちが一つならば、最低でも県外の方向で、われわれも積極的に行動を起こさなければならない」と発言した。[16]鳩山は選挙まで二週間を切った八月十七日の六党党首討論会でも、「最低でも県外移設が期待される」と繰り返した。[17]この県外移設の「公約」が、鳩山の首相就任後、辺野古移設という日米合意の堅持を迫るバラク・オバマ政権との摩擦を招いた。

加えて、「東アジア共同体」の構築を掲げた鳩山の野心的な外交構想も、米国の疑念を根深いものにした。

鳩山は二〇〇九年十月に北京で開かれた日中韓首脳会談で東アジア共同体構想に言及し、「今までややもすると米国に依存しすぎていた日本だった。日米同盟は重要だと考えながら、一方でアジアをもっと重視する政策を作り上げたい」と述べた。[18]同十一月の講演では、欧州連合（ＥＵ）を「原型」としつつ、「開かれた地域協力」の原則に基づき、経済連携のルールづくりや気候変動、保健・医療・災害対策での協力などを進め、各分野で機能的な共同体の網を張りめぐらせると表明した。[19]

しかし、地域に「友愛の絆」をつむぐという鳩山の説明は、ナイーブにすぎた。付言すれば、東アジア共同体構想は、具体策としては、民間人を自衛艦に乗せ、医療活動や文化交流などを行う「友愛ボート」の実施を挙げるにとどまるなど、政策にまで昇華した内容とは言い難かった。

それでも、対米依存脱却を基調とした鳩山の構想は米側に「離米」の発露と受け取られ、[20]民主党政権に対するオバマ政権の不信をあおった。国家安全保障会議（NSC）アジア上級部長だったジェフリー・ベーダーは後に、東アジア共同体構想の提唱は「オバマ政権にとって驚くべきことだった」と振り返り、鳩山政権の外交姿勢を「戦略的に支離滅裂」と酷評している。[21]

しっくりといかない鳩山とオバマ大統領の関係の象徴となったのが、「トラスト・ミー」発言であろう。オバマは二〇〇九年十一月に大統領就任後初めて日本を訪れ、鳩山との会談を翌日に控えた夕食会で、「基本は守るべきだ」と普天間移設合意の早期履行を暗に求めた。これに対し鳩山は、沖縄県民の負担を軽減したいと説明し、「トラスト・ミー（私を信頼してほしい）」と混乱収拾を請け合った。[22]

オバマへの「約束」にもかかわらず、移設問題はその後も進展せず、鳩山は翌二〇一〇年四月、解決策を持たないままワシントンでの核安全保障サミットに臨んだ。オバマは同サミットの夕食会で、普天間問題の難しさを訴える鳩山の発言をさえぎり、冷たく言い放った。「単刀直入にいこう。あなたは『信頼してほしい』と言った。何とか解決するという意味だ。それがまだ実現していない。近いうちに実現しなければならない」。[23]

普天間をめぐる迷走は、この翌月に鳩山政権が辺野古移設への回帰を閣議決定したことで終息し、鳩山も六月に退陣する。ただ、後継の菅直人《かんなおと》政権を経て二〇一一年九月、民主党内では保守派だった野田が首相に就いた際も、対米関係の再建は宿題として残されていた。野田は次のように述懐している。

外交は鳩山さんの流れをどうするかが問題でした。「東アジア共同体」という大構想は現実的ではない、やはり基本は日米だと思っていました。〔中略〕21世紀は日米が基軸。東アジア共同体でアメリカは外というやり方は絶対に違うと思っていました。〔中略〕実務的にこつこつとヒットを打ち、バントをしていって、だんだん改善していこう。実務の面で日米同盟を進化させていくつもりでした。[24]

ところが、野田政権で外相と並び「同盟進化」を担うはずだった防衛相は、短期間での交代を強いられた。一川保夫《いちかわやすお》、田中直紀《たなかなおき》の二人とも安保政策に精通しておらず、立て続けに参議院で問責決議を受け、それぞれ約四ヵ月と約五ヵ月で退任したのである。

内閣再改造で民間からの防衛相起用を模索していた野田が「政策にも通じ安定感もある」として選んだのが、拓殖大学で教鞭を執っていた森本だった。野田と森本に面識はない。野田は異例の人事に当たり、南伊豆・河津町の旅館で静養中だった森本に電話し、「特に、今の日米関係を立て直してほしいという思いもある」と口説き落とした。[25]

森本は防衛大学校を卒業後、防衛庁に入庁した元航空自衛官だ。一九七七年に外務省アメリカ局安全保障課に出向後、同省に入省し、在米大使館勤務も経験した。計三〇年にわたった自衛隊員および外務省職員としての経験を通じ、自衛隊の実態と日米同盟管理を含む政策立案・調整の実務の双方を熟知した、日本でも指折りの安全保障の専門家だった。出しゃばりすぎず、しかし専門家として持論を明確に伝えることをいとわない森本は、自民党の政治家の間でも一目置かれていた。

森本は、日米同盟をとにかく固守すればよいとする「守旧派」ではなく、自主防衛の重要性も訴え続けていた。二〇〇〇年に刊行した安全保障の概論書では、米国のプレゼンスと日米同盟の役割の変質を予測し、「日本が自らの手で国民の生命財産と国家の自主独立を守るに必要な最も効率のよい打撃力のある防衛力を整え」る必要があると唱えた[26]。森本はその上で、「結局のところ、日本が集団的自衛権を行使でき、しかも、日本防衛のための本来機能に加え、米軍支援のための後方支援機能を加えたような防衛力を再構築しなければならない」と踏み込んでいる[27]。

森本の自主防衛論が、かつての中曽根康弘の発想と酷似しているのは興味深い。中曽根は一九七〇年代初頭、「わが国の防衛を、自主防衛を中軸に日米安全保障体制によって補完する」ことを目指し[28]、森本もそれから約三〇年後に「冷戦時代に日米安全保障体制をわが国の防衛力で補完するというシステムから冷戦後にわが国の防衛力を日米安全保障体制によって補完するというシステムへと転換する必要がある」と説いた[29]。

対中国で擦れ違い

鳩山政権が残した対米関係をめぐる「負の遺産」の整理に追われた野田政権には、それを着実に、かつ出来るかぎり急いでやらねばならない理由もあった。一九七〇年代や九〇年代と同様、安全保障環境の変化が日本に同盟強化を迫っていたのである。

二〇〇六年十月に初めて核実験を行った北朝鮮は、〇九年五月に二度目の実験を実施した。核兵器の運搬手段となるミサイルの開発も進み、北朝鮮は、最高指導者だった金正日《キムジョンイル》朝鮮労働党総書記の死去後の一二年四月、長距離弾道ミサイルを発射した。失敗に終わったと想定されているこの発射には、[30] 金正日の後を襲って朝鮮労働党トップに就いた正恩《ジョンウン》の三男、正恩の権威を高める意図が込められていたとみられる。核武装の道を歩んでいた北朝鮮の脅威は、一九九〇年代とは比べものにならないほど深刻度を増していた。

さらに、アジア太平洋地域の秩序への影響という点でより重大だったのは、中国の政治・軍事的台頭だった。民主党政権は、自公政権時代から続く北朝鮮の核開発問題に加え、東アジアのパワーバランスの変化という構造上の問題に直面したのだ。

中国は二〇〇〇年代末ごろから大国志向を隠さなくなり、国際場裡で自己主張を強め始めた。海洋進出を図る中国が、沖縄県・尖閣《せんかく》諸島の領有をより声高に唱えるなどしたため、日中関係も悪化した。〇八年十二月、中国の海洋調査船二隻が尖閣周辺の日本領海に侵入し、約九時間にわたり領海内を徘徊、漂泊した。[31] 民間船舶ではなく、中国政府の公船による尖閣周辺の領海侵犯は、初めてのことだった。

二〇一〇年九月七日には、尖閣諸島の久場島《くばしま》沖で中国のトロール漁船が海上保安庁の巡視船と衝突する事件が発生した。海保が漁船の船長を公務執行妨害の容疑で逮捕したことを受け、中国政府は即時釈放を要求し、船長の勾留延長直後にはハイテク製品の製造に不可欠な中国産レアアース（希土類）の対日輸出の停滞が確認された[32]。那覇地検が九月二十五日に船長を処分保留で釈放したにもかかわらず、中国公船は事件以降、従来以上の頻度で尖閣周辺海域を航行するようになった[33]。

中国への警戒が高まる中、二〇一〇年十二月十七日に菅内閣が閣議決定した新たな防衛計画の大綱（22大綱）は、広範かつ急速に軍事力を近代化し、日本周辺海域で活動を拡大・活発化させている中国の動向を「地域・国際社会の懸念事項」だと明記した[34]。22大綱はまた、「防衛力の存在自体による抑止効果を重視した、従来の「基盤的防衛力構想」によることなく」、平時から危機に至るまで迅速かつシームレスに（切れ目なく）対処できる「動的防衛力」を構築するとうたった[35]。中国の不穏な動きを踏まえ、51大綱以来の基盤的防衛力構想はついに放棄され、運用重視の防衛力整備を明確に掲げるに至ったのである。

22大綱については、菅内閣の防衛大臣政務官、民主党の外交・安全保障調査会事務局長を務めた長島昭久《ながしまあきひさ》の説明が端的だ。

〔前略〕アジア太平洋地域における軍事バランスは、ここ10年、中国による著しい海空戦力の増強や海洋権益拡大の動きが活発化する一方、米国の前方展開兵力が3割も減退することにより、大きく崩れ始めた。地域の安定を支えてきた米国の影響力が相対的に低下しつつある現実を前に、「力の空白をつくらない」（基盤的防衛力構想）というこれまでの受け身の姿勢から転換し、韓国、豪州、ASEAN、インドなどを「準同盟国」と位置づけ、我が国が地域の安定にも積極的な役割を果たす意思を鮮明にしたことは意義深い。〔中略〕南シナ海や東シナ海における領土やEEZをめぐるせめぎ合いが熾烈《しれつ》になっている。この平時でも有事でもない「グレーゾーン」における外交・軍事的なせめぎ合いには、有事に備え兵力の量と質を確保する従来の抑止概念では対応しきれない。そこで、平素からの警戒監視や統合実動演習などによる牽制、危機の際の即応・機動展開力に裏打ちされた「動的防衛力」という新たなコンセプトを導入したのである。[36]

このように、日本の領海防衛への懸念は高まり続けた。日本としては当然、同盟相手である米国と緊密に連携して対処しなければならなかったはずだ。

しかし、オバマ政権は二〇〇九年の発足以降、中国に対して協力の促進を前面に据えた融和的な政策を取っていた。[37] 政権内ではジェームズ・スタインバーグ国務副長官が、「中国が他国の安全や福利を犠牲にしない旨を保証するのと引き換えに、米国も中国の台頭を進んで受け入れる」という「戦略的安心供与」を唱えた。[38] 二〇一〇年五月発表のオバマ政権の「国家安全保障戦略」も、「中国との前向きかつ建設的で包括的な関係を引き続き追求する。経済の復興や気候変動への対処、〔核をはじめとする大量破壊兵器の〕不拡散といった優先課題を推し進める上で、責任ある指導的役割を引き受けるような中国を歓迎する」とうたっていた。[39]

地政学的発想に基づく対中抑止ではなく、地球温暖化対策などグローバルな懸案解決に向け中国に協力を求めるオバマ政権の姿勢は、米外交・安保の看板政策にも反映された。イラク駐留米軍の撤収とアフガニスタン駐留米軍の規模縮小を踏まえ、中東に偏重していた戦略の重心を経済成長の見込めるアジア太平洋地域に移す「リバランス（再均衡）戦略」である。

オバマは二〇一一年十一月、訪問先のオーストラリアの議会で演説し、太平洋国家として地域で大きな長期的役割を果たす「戦略的決定」を下したとして、リバランス戦略について説明した。この際オバマは、地域での米軍プレゼンスの維持・強化、環太平洋パートナーシップ協定（TPP）の推進、人権の擁護などを政策の柱に挙げると当時に、中国に関し次のように語った。

> 米国は中国との協調関係を築く努力を続けていく。オーストラリア、米国、すべての国が、平和で繁栄する中国の台頭に深い関心を抱いている。だからこそ、米国は中国の台頭を歓迎するのだ。われわれは、中国が朝鮮半島の緊張緩和から拡散阻止に至るまで、パートナーになり得るさまを見てきた。そしてわれわれは、理解を促進し、誤算を避けるために米中両軍間のコミュニケーションを深めることを含め、中国政府との協力の機会をさらに求めていく。国際規範を守り、中国国民の普遍的人権を尊重することの重要性に関し、中国政府に率直に語り続けながらも、われわれはこうしたことを行っていく。[40]

一方、一九九〇年代以降、飛躍的に国力を伸張させた中国は、オバマ演説の時点で既に、アジアで米国に匹敵する地位を追求する構えを見せるようになっていた。唯一の超大国であった米国に、対等な「新型大国間関係」を築こうと呼び掛け始めていたのである。

中国の国務委員だった戴秉国《たいへいこく》は二〇〇九年七月にワシントンで開かれた第一回米中戦略・経済対話で、初めて新型大国間関係に言及した[41]。戴は翌一〇年五月の北京での第二回米中戦略・経済対話でも「異なる社会システムと文化的伝統、発展段階を持つ国家同士の相互尊重、調和的共存、ウィン・ウィンの協力を特徴とした、新たな種類の大国間関係を育むべきだ」と強調した[42]。

新型大国間関係を主張した中国の目的は、「核心的利益」の相互尊重だった。第二回戦略・経済対話に出席したヒラリー・クリントン国務長官によると、戴は同対話で、中国の南シナ海の領有権主張を初めて、台湾やチベット問題と同列の核心的利益と呼んだ[43]。米国としては、核心的利益の尊重という名目で、南シナ海の領有権主張を認めることはできるはずもなかった。

だが、第二回戦略・経済対話から約一年半後にオバマが豪州議会で行った前述の演説に、中国を牽制するトーンはほとんどなかった。それはむしろ、中国への軍事的対応を強調して対中封じ込めという印象を与えることがないように配慮されていた[44]。オバマ政権は、新型大国間関係という概念をやんわりと否定し、対話を通じて現状の国際秩序を受け入れるよう中国に促し続けたのだ。対中関与を重視したリバランス戦略は、「核心的利益」の相互尊重を唱える中国への米国の回答だったとも言えよう[45]。

こうしたオバマ政権の対中政策は、関与を通じ中国を取り込もうとした一九九〇年代半ば以降のビル・クリントン政権のそれと類似していた。この間、クリントン政権の後を襲って二〇〇一年一月に発足した共和党のジョージ・W・ブッシュ政権が当初、中国を「軍事的競争相手」と位置付け、中国が米国の仮想敵国として浮上する可能性もあった。[46] ブッシュ政権下では同年四月、中国・海南島沖の南シナ海の公海上で、米海軍偵察機EP3と中国軍戦闘機が接触し、EP3が同島に緊急着陸する「海南島事件」も起きた。

その直後に発生したのが、二〇〇一年九月の米同時テロである。この歴史的事件を受け、米国にとっての主な脅威は国際テロに一気に移行し、[47] 対中政策は焦点から外れていった。この間、中国の経済発展は続き、オバマ政権発足時点で、中国は台湾海峡危機で米軍の空母を恐れた一九九〇年代の「潜在的大国」ではもはやなく、名実ともに周辺各国を威圧できる大国に成長していた。

二〇一二年二月、後に中国共産党総書記・国家主席に就任する習近平《しゅうきんぺい》は副主席として訪米した際、ワシントン・ポスト紙との書面インタビューで「太平洋には中国と米国という二つの大国を容れるのに十分な広さがある」と主張した。[48] 太平洋での勢力圏の分割を想起させるレトリックであり、列強が小国の意向を無視して国際秩序を管理した、十九世紀のような発想と見なすこともできる。それにもかかわらず、米国は少なくともオバマ政権の一期目（〇九年一月～一三年一月）までは、クリントン政権以来の関与を核とした対中政策を大きく変えることはなかったのである。

尖閣をめぐる対立

中国の軍事的圧力を感じていた日本政府は、中国の変化を米国が軽視しているのではないかという不安を覚えた。

とりわけ危機感を強く抱いていたのは、自衛隊だ。航空幕僚長を経て二〇一二年一月から一四年十月まで統合幕僚長を務めた岩崎茂《いわさきしげる》は、「中国がどんどん東シナ海に出てきている。それから南シナ海で非常に不穏な動きをしている」と機会があるごとにサミュエル・ロックリア太平洋軍司令官ら米軍高官に注意喚起を繰り返した。[49]森本と旧知の間柄だった岩崎はまた、「もう少しアメリカを巻き込んで」中国の軍拡に対処すべきだという意見を、防衛相就任前の森本に伝えていた。[50]岩崎が語る。

当時アメリカの戦略は、中国、ロシアが国際舞台に出てくることを歓迎すると書いているわけだ。国際舞台に出てきたら歓迎なんだけど、それはそこでいろんなことを説得すれば、あいつらもいいやつになるんだと。理論上はそういった考え方もある。「一方で」まったく私たちのことを無視とまでは言わないが、それほど気にはされていなかった。[51]

防衛省・自衛隊内でこうした不安と不満が渦巻いていた一二年七月、野田政権は尖閣諸島のうち、民間所有だった魚釣島《うおつりしま》、北小島、南小島の三島を購入する方針を決めた。これより先、東京都知事だった石原慎太郎《いしはらしんたろう》が都による尖閣購入計画を表明し、悪天候時に漁船が避難する港の整備などを政府に求めていた。野田は「都が尖閣を買い取り次々と形状変更などを行えば、日中関係に甚大な悪影響を及ぼす」と危機感を抱き、都に先んじて尖閣を国有化する腹を固めたのである。[52]

森本が訪米したのは、国有化方針に対する中国の反応への危惧が高まっていたさなかのことだった。野田政権にとって前述の森本・パネッタ会談には、ガイドライン再改定に向け足並みをそろえることで、米国を巻き込んで中国へメッセージを発するという意味もあった。

しかし、消費税増税をめぐる民主党の分裂や支持率低迷で体力を奪われていた野田政権は、日米政府間協議を進展させられなかった。内閣が日米安保中心主義の立場を取る野田らと、左派色の濃い枝野幸男《えだのゆきお》経済産業相らとで構成され、安保政策の基本的立場に関してまとまりを欠いていたことも影響した。

森本はガイドライン再改定について、公式には「集団的自衛権に乗り込むような性格のものではありません」と説明せざるを得なかった[53]。集団的自衛権の行使解禁という「自らの所信」を明らかにすることを封印したのである[54]。

野田は結局、自民、公明両党の衆議院解散要求をかわすことができず、二〇一二年十一月十六日に解散を行った。東アジアの緊張は日本の政局と関わりなく高まり続け、まず北朝鮮が選挙期間中の十二月十二日、事実上の長距離弾道ミサイルを発射した。人工衛星の監視の目を逃れるため発射台を幕で覆った上、予告期間を延長したりするなどして発射は当面ないと偽装した上での挑発だった[55]。翌十三日には、中国国家海洋局所属の航空機が尖閣諸島の領空を侵犯した。低空で飛行してきた中国機は自衛隊の地上レーダー網をかいくぐり、海上保安庁の巡視船が、魚釣島（中国名・釣魚島）付近の領空を飛行している中国機を確認した。中国機による領空侵犯は、一九五八年に統計を取り始めて以来、初めてという「事件」だった[56]。

二〇一二年九月十一日の野田政権による国有化以降、尖閣諸島周辺では中国公船が既に、荒天の日を除きほぼ毎日接続水域に入域・航行するようになっており、領海侵入も繰り返していた。国有化から十二月末までの中国公船の領海侵入日数は、計二〇日に達する。[57] 領空侵犯により、挑発の場は海から空へ拡大し、中国の示威活動は新たな段階に突入した。

当時、防衛省運用企画局長だった黒江《くろえ》哲郎《てつろう》は、「全く僕らは気付かなかった。『中国機が飛んでるぞ』って確か海保から連絡があって、押っ取り刀で那覇から戦闘機が飛んでいったものの、全然間に合わなかった」と回顧する。黒江によれば、自衛隊は地上レーダーの穴を埋めるため、これ以降一帯に早期警戒管制機（ＡＷＡＣＳ）などを送って「常時監視に近い形」をつくることを強いられるようになった。[58]

2　安保政策の体系化

再改定と行使容認の一体化

中国機の尖閣領空侵犯から三日後の二〇一二（平成二十四）年十二月十六日、野田は総選挙で惨敗を喫した。厳しさを増す安保環境を踏まえて日米同盟を強化するという課題は、同二十六日に発足した自民党と公明党の連立による第二次安倍晋三政権に引き継がれ、安倍は就任初日に、防衛計画の大綱を改定し、ガイドラインの見直しを検討するよう小野寺五典《おのでらいつのり》防衛相に指示した。[59] 安倍自身は就任記者会見で、憲法解釈により禁じられていた集団的自衛権の行使を認めるかどうか検討を始めていきたいと表明した。

第三章関連年表（2）

年	月	事　項
２０１２	12	第二次安倍内閣発足、小野寺防衛相就任
２０１３	1	東シナ海で中国艦が海自護衛艦に火器管制レーダー照射
	2	北朝鮮、三回目の地下核実験。日米首長会談（ワシントンＤＣ）
	9	オバマ米大統領、演説の中で「アメリカは世界の警察官ではない」と表明
	10	日米安全保障協議委員会（２プラス２、東京）
	11	中国、東シナ海での防空識別圏の設定発表
	12	国家安全保障会議設置。特定秘密保護法公布。国家安全保障戦略、２５大綱、閣議決定
２０１４	1	国家安全保障局が発足
	3	ロシアがクリミア自治共和国を「編入」
	5	安保法制懇が報告書提出
	7	「国の存立を全うし、国民を守るための切れ目のない安全保障法制の整備について」閣議決定
	12	日米安全保障協議委員会共同発表
２０１５	4	１５ガイドラインを日米安全保障協議委員会（ニューヨーク）で了承。安倍首相が米上下両院合同会議で演説
	5	「平和安全法制整備法案」「国際平和支援法案」を閣議決定
	9	平和安全法制が成立
	10	米駆逐艦が南シナ海で「航行の自由作戦」
２０１６	1	北朝鮮、「水爆実験」と称する四度目の核実験
	3	平和安全法制施行
	9	北朝鮮、五度目の核実験

安倍政権は立ち上がりと同時にガイドライン再改定実現に意欲を示したことになるが、作業の本格化に向けた歩みは緩慢だった。再改定の実務の中心を担った元防衛省当局者は政権発足から数ヵ月経った二〇一三年春の状況を「多少の作業の結果はあったが、使えるものはないなと思った」と振り返る[60]。

集団的自衛権の行使容認をめぐっても、この時点で官僚機構内で詳細な議論はなかった模様だ。防衛省防衛政策局長および防衛審議官としてガイドライン再改定に尽力した徳地秀士《とくちひでし》は、まずガイドライン見直しが必要だという認識が先にあり「憲法解釈と安保法制はあとからついてきたものである」と断言している[61]。

もっとも政治レベルでは、行使容認は早い段階から課題となっていた。政権発足と同時に内閣官房参与となった谷内正太郎《やちしょうたろう》は、就任に当たり安倍と面会した際、次のように意見具申したと明かす。

憲法改正と、双務的ないし対等の日米同盟を作ること。これこそ安倍政権の大目標たるべしと申し上げました。

〔中略〕とはいえ、大目標を一気に実現することは難しい。そこで、中目標として、集団的自衛権の憲法解釈を変更し、海洋国家のネットワークを構築する。これが後に「自由で開かれたインド太平洋（ＦＯＩＰ）」につながる考えの基調となりました。加えて、経済の成長戦略、エネルギー戦略を立案し、環太平洋パートナーシップ協定（ＴＰＰ）の発足を目指す。これらのテーマを中目標として位置づけるべきだと申し上げました。
次に小目標として、靖国参拝や従軍慰安婦をはじめとする歴史認識の課題を克服することで すと申し上げました。尖閣諸島の実効支配を強化し、沖縄の米軍普天間基地の移転問題を解決する。さらに、北朝鮮による拉致問題の打開を目指す。[62]

谷内は上記の内容をまとめた「2、3枚のメモ」を安倍に渡したとしている。ジャーナリストの手嶋龍一《てしまりゅういち》が「谷内正太郎 覚書」と呼ぶこの文書が、[63]どれだけ実際の政権運営に影響を与えたかは不明だが、安倍が当初から憲法解釈の変更を目標に据えていたことは間違いない。安倍政権は二〇一三年二月、憲法解釈の変更に向け、第一次安倍政権（〇六～〇七年）下で設置された有識者会議「安全保障の法的基盤の再構築に関する懇談会」（安保法制懇）を再開し、[64]行使容認を目指す構えを明確にしたのである。

安倍はこの約二週間後に米国を訪れ、オバマに「公約」を伝えた。通訳のみを入れたオバマとの一対一の会談で「外交・安全保障に不安を抱いている国民は、日米同盟を強化したいと思っている。そこで、同盟を強化するため、集団的自衛権の行使に関する憲法解釈を変更する方針だ」と率直に語ったのだ。[65]訪米では、「防衛費の増額、防衛大綱の見直しなど同盟強化に向けたわが国自身の取り組み」についても説明した。[66]

安倍は就任以来、集団的自衛権の行使容認に関し「新たな安全保障環境にふさわしい対応を改めて検討する」と述べるにとどめていた。[67]容認に慎重だった連立相手の公明党に配慮していたためだが、オバマとの会談では「自衛隊の役割を拡大し、同盟国として相応の負担を担う決意を示そう」と踏み込んだ。[68] 普天間移設問題などで醸成された日本に対するオバマの不信をほぐそうという狙いであろう。

安倍の復権により、ガイドライン再改定は集団的自衛権の行使容認の議論と並行関係にあると見なされるようになった。再改定は、集団的自衛権の行使容認と一体化したのである。

このことは、オバマ政権にとっても重要だった。米国防総省北東アジア部長だったクリストファー・ジョンストンが語る。

集団的自衛権をめぐる憲法解釈が変わらない限り、ガイドラインを再改定する目的も意味もないと考えていたので、私は当初、極めて懐疑的だった。一九九七年のガイドラインに欠点があることは分かっていた。後方支援の概念は時代遅れだったし、平時と有事の区別も柔軟性を欠いていた。その後安倍首相の下で集団的自衛権を見直す取り組みに弾みが付きつつある中で、改定は当然だという考えに同意した。[69]

ジョンストンが再改定に向けた「実体的意義のある協議のスタート」と位置付けるのが、二〇一三年十月三日の日米安全保障協議委員会（2プラス2）だ。日米両政府は、四閣僚が初めて東京でそろい踏みしたこの2プラス2で、一四年末までにガイドライン再改定を終える方針を決めた。2プラス2の共同発表は同時に、再改定の基本原則として、日米同盟のグローバルな性質を反映した協力範囲の拡大、あらゆる状況下でシームレスな二国間協力を可能にする協議・調整メカニズムの強化、新たな安全保障環境下での効果的、効率的、シームレスな同盟の対応確保に向けた緊急事態時の防衛協力指針の概念評価——など計七項目を明示した。[70]

七項目は、2プラス2の半年前に防衛政策局長に就任した徳地の主導で作成された。[71] この中では、二度登場する「切れ目のない」という意味の単語「シームレス」が目を引く。

ただし、「切れ目のない」日米協力という発想は、徳地の独創ではない。野田政権下の一二年八月の時点で既に、米国の知日派の代表格と目されていたジョセフ・ナイとリチャード・アーミテージが提言書を公表し、同様の考えを示していた。すなわち、ナイとアーミテージはこの中で、「平時、緊張、危機、戦時という安全保障の全段階を通じ日米が完全に協力して対応できるよう」に、集団的自衛権の行使を容認するよう日本に求めていたのだ。[72]

一九九〇年代にナイ・イニシアティブを発動し、漂流状態と称された日米関係を救った民主党のナイと、八〇年代から米政府の東アジア政策に関わり、ジョージ・W・ブッシュ政権で国務副長官まで務めた共和党のアーミテージという超党派の二人は、それ以前にも二度提言を発表し、「ナイ・アーミテージ報告」としていずれも日本で高い注目を集めた。平時から、有事でも平時でもない「グレーゾーン事態」、さらに有事に至るまで切れ目なく対処するには、集団的自衛権に基づく日米共同の取り組みが必要だと問題提起した三度目の提言は、日本側に重く響いていたのである。[73]

「シームレス」という言葉の重要性は、再改定ガイドライン（15ガイドライン）承認時の防衛相だった中谷元《なかたにげん》も指摘している。中谷は防衛相就任に先立ち、集団的自衛権の限定行使を可能にする

「平和安全法制」の整備に関する与党協議会の中心メンバーも務め、議論の経緯に詳しい。

その中谷は、「キーワードはシームレス、グローバル、メカニズム」だったと語った上で、「シームレス」とは「平時の協力の充実と、わが国が集団的自衛権を行使する場合の協力の在り方」を含む概念だったと解説する。[74]「シームレス」や「切れ目のない」という言葉は、2プラス2以降、集団的自衛権の行使を前提にした日米協力を説明する際、頻繁に登場するようになったのである。

2プラス2の共同発表はまた、「集団的自衛権の行使に関する事項を含む自国の安全保障の法的基盤の再検討」といった日本の取り組みを米国は歓迎すると述べた。さらに、中国を名指しして国際的規範を順守し、軍備の透明性を向上するよう促した。[75] 集団的自衛権の行使を日米安保体制の文脈に位置付けるとともに、中国の軍拡を踏まえた同盟強化であることを明確にしたいという日本側の思惑がにじんだ文書だった。

国家安保戦略と25大綱

こうして、日米両政府は第二次安倍政権発足から約九ヵ月を経て、ガイドラインの再改定作業に本格的に着手することになった。作業は以降、憲法解釈の変更にとどまらない広範な外交・安保政策の立案・遂行と連動する形で、戦略的に進められていく。このため、政権発足当初に少しだけ時間を戻し、安倍がどういった構想に基づき外交・安保政策を推進していこうと意図していたかについて、検証してみたい。

安倍はまず、二〇一三年一月の所信表明演説で、「外交政策の基軸が揺らぎ、その足元を見透かすかのように、我が国固有の領土・領海・領空や主権に対する挑発が続く、外交・安全保障の危機」に陥っているとの認識を示し[76]、外交の立て直しを課題に挙げた。尖閣諸島をめぐる中国の動きを念頭に置いた危機意識の表明である。

安倍が立て直しの具体策として所信表明演説と翌二月の施政方針演説で掲げたのが、日米同盟強化、防衛大綱の見直し、自由・民主主義・法の支配といった基本的価値に立脚した「戦略的な外交」の推進の三つだった[77]。戦略的外交とは、「地球儀を眺めるように世界全体を俯瞰」する外交（「地球儀を俯瞰する外交」[78]）である。

日米同盟強化の柱の一つがガイドライン再改定であったことは言を俟たないが、政治的に敏感な集団的自衛権の論議と一体である以上、時間を要する。安倍政権が先に取り組んだのは、防衛大綱の見直しと、戦略的外交遂行に向けた国内体制の整備であった。

安倍はまず、二〇一三年十二月四日に戦略的な外交・安全保障の司令塔となる国家安全保障会議（NSC）を発足させ、同十七日に「国家安全保障戦略」（以下、国家安保戦略）と[79]、グレーゾーン事態や南西諸島防衛を視野に入れた新たな防衛大綱（25大綱）を閣議決定した[80]。一四年一月には、国家安全保障会議の事務局として、外交・防衛政策の基本方針・重要事項に関する企画立案・総合調整を担う国家安全保障局（NSS）が内閣官房に設置され、初代局長に谷内が就任した。国家安全保障会議の発足と国家安保戦略・防衛大綱の決定の合間に当たる一三年十二月六日には、安保上の機密漏洩を防ぐための特定秘密保護法も成立した。

このうち国家安保戦略は、岸信介政権下の一九五七年に決定された「国防の基本方針」に代わる国家安全保障の基本方針だ。[81]

国防の基本方針は、旧日米安保条約の改定に向けた対米交渉を見据えた、三〇〇字程度の簡潔な内容である。[82]岸は当時、米国の対日防衛義務が明確に規定されていないなど「不平等な法的枠組み」であった旧安保条約の改定を目指しており、[83]そのためには、日本がそれなりの防衛体制を確立したことを米国に示す必要があると考えた。国防の基本方針は、安保改定の「条件」であった防衛体制整備の体裁を整えるために作成されたのである。[84]

これに対し国家安保戦略は、「国際協調主義に基づく積極的平和主義」を基本理念に掲げた、三二ページにわたる文書に仕上がった。当時内閣官房副長官補で、後に国家安全保障局次長兼務となった元防衛官僚の髙見澤將林は「創設的というよりは、今までの考え方を整理して、かつ今までなかったところを少し足して」作ったと控え目だが、[85]国益の定義にはじまり、安保環境の評価、外交の強化、サイバーセキュリティを含む総合的な防衛体制の構築、日米同盟の強化などを盛り込んだ、包括的内容となった。

25大綱は、国家安保戦略を踏まえた防衛力構築の指針という位置付けだった。[86]防衛大綱はこの時までに、一九七六年（51大綱）、九五年（07大綱）、二〇〇四年（16大綱）、一〇年（22大綱）と計四回作成されていたが、22大綱からわずか三年での改定となった25大綱は、主に中国と北朝鮮を念頭に、それまでで最も厳しい国際情勢認識を示したのが特徴だ。

具体的には、まず中国の軍事動向について、米軍の接近および西太平洋での自由な行動を阻害する接近阻止・領域拒否（A2／AD）能力の強化、軍事に関する透明性の欠如、東・南シナ海での

「力を背景とした現状変更の試み」、東シナ海への防空識別圏設定などを取り上げ、「強く懸念」しているると表明した。[87]中国に関し「地域・国際社会の懸念事項となっている」と指摘するにとどめた22大綱より表現は強く[88]、同大綱中の「戦略的互恵関係の構築」という文言も消えた。[89]北朝鮮の核・ミサイル開発も「我が国の安全に対する重大かつ差し迫った脅威」と呼び[90]、22大綱の「喫緊かつ重大な不安定要因」より強い危機感を示した。[91]

戦力構築では、グレーゾーン事態を含む多様な事態に海・空・陸各部隊の統合運用によりシームレスかつ臨機応変に対処する「統合機動防衛力」の構築を掲げた。[92]具体策としては、島嶼侵攻があった場合の奪還作戦を担う「本格的な水陸両用作戦能力」の整備[93]、つまり三〇〇〇人規模の水陸機動団の創設が特筆に値する。[94]

小野寺は25大綱決定時の記者会見で、「北朝鮮のミサイル事案」と「東シナ海を巡る緊張関係」に触れ、「今までのようなどちらかというと周辺環境の部分の影響を受ける安全保障環境から、日本として直接正面から解決しなければいけない安全保障環境に変わっている」と指摘した。[95]安倍政権は民主党政権下で決定された22大綱を短期間で改定した理由を、日本の領域が戦後初めて直接的脅威にさらされているという問題意識が生じたためだと説明したのである。自らが力の空白にならないよう防衛力と呼べるものを整備していればよいとした51大綱以降の基盤的防衛力構想は、22大綱で既に放棄されていたが、25大綱では、北朝鮮や中国に対処する「脅威対抗」の色彩が一層濃厚になった。

ただし、25大綱には集団的自衛権に関する直接的記述はない。米側とグレーゾーン事態を含むシームレスな協力態勢を構築する方針を盛り込んではいるが、[96] 具体性には乏しい。25大綱はあくまで自衛隊の体制構築に焦点を合わせ、自助・主体的な防衛力整備を打ち出した。

第二次安倍政権下では、25大綱と国家安保戦略の閣議決定により、国家安保戦略を最上位とし、25大綱で防衛政策の基本方針と自衛隊の戦力構築の全体像を、ガイドラインで日米安保体制に基づく自衛隊の運用と米国との防衛協力の在り方をそれぞれ規定するという、安保政策の体系が固まったと言えよう。

最後に、特定秘密保護法の制定は、安倍が米国を強く意識して短期間で実現を図った法整備であった。牽引したのは、内閣情報官の北村滋《きたむらしげる》である。

北村は自民党の大勝となった参議院議員選挙翌日の二〇一三年七月二十二日、安倍が永田町のホテルでスタッフを労う席を設けた際、特定秘密保護法がなければ「総理が目指される集団的自衛権容認への道も開けないでしょう」と訴え、年内の成立を目指すべきだと力説したと明かしている。[97] 北村には、警察庁外事情報部長だった当時、米側に日本の情報保全体制の不備を指摘された経験があった。[98] 集団的自衛権の行使容認の目的として日米同盟の強化を掲げる以上は、まず特定秘密保護法を制定して同盟強化の環境整備に努める必要があると主張したのだ。

安倍自身も、憲法解釈の変更や特定秘密保護法・平和安全法制の制定について、民主党政権下で傷んだ日米関係の改善という狙いがあったと説明している。

集団的自衛権に関する憲法解釈変更と、安全保障関連法の整備は、日米関係への危惧が背景にあります。〔中略〕私は、冷え込んでいた日米関係を修復し、中国の軍備増強や北朝鮮の核・ミサイル問題に対処するには、ある程度、防衛力の強化が必要だと考えていました。〔中略〕一三年の参院選後は、特定秘密保護法を整備し、国家安全保障会議（NSC）と国家安全保障局（NSS）を創設しました。第一次内閣の積み残しの課題だったNSCとNSSは、外交、軍事、情報を一元的に扱い、外交・安全保障政策を決めていく組織です。安全保障関連法を整備する前に設置したのは、そうしなければ、官邸の考え方が米国などに的確に伝わらないのではないかと思ったからです。〔中略〕日米間で機密情報を話し合う際、特定秘密保護法があれば、日本側の担当者は秘密を守ることになり、米側も安心して話ができる。[99]

安倍は第二次政権の発足当初から、憲法解釈の変更と、解釈変更を踏まえた新たな防衛政策の履行の法的根拠となる平和安全法制の整備に目標を定め、優先順位を設けて政権運営に当たったのである。

「芦田修正論」を否定

安倍は二〇一三年七月の参議院議員選挙後、集団的自衛権の行使容認に向け本格的に走り始めた。まず八月には、「集団的自衛権の行使は憲法上、認められない」との見解を維持してきた内閣法制局の長官に、小松一郎《こまついちろう》駐フランス大使を充てる人事を断行した。法制局長官人事をめぐっては、一九五二年の同局発足以来、総務（自治）、財務（大蔵）、経済産業（通産）、法務の四省出身者が交代で就き、かつ法制次長から昇格する原則が確立していた。安倍は、慣行を破って外務省出身の小松を「政治任用」したのである[100]。

小松は一九八九年から九三年まで外務省条約局法規課長、同条約課長を務め、湾岸危機・湾岸戦争を受けた国連平和協力法案の作成や国際平和協力法の成立に尽力した。第一次安倍政権では安保法制懇の発足に関与し、現憲法下での集団的自衛権の行使容認実現を「ライフワーク」としていた外交官だ[101]。

続いて二〇一四年五月十五日に、第二次安倍内閣発足後に再開されていた安保法制懇が報告書を提出した。

報告書はまず、個別的か集団的かを問わず、自衛のための実力の保持は憲法第九条の下で認められているとする憲法解釈を明記した[102]。後述する「芦田修正」に着目した、集団的自衛権の全面的な行使容認論である。

報告書は同時に、日本と密接な関係にある外国が攻撃され、日本の安全に重大な影響を及ぼす可能性がある時は、必要最小限の実力を行使でき、これには集団的自衛権の行使も含まれると解釈すべきだと勧告した[103]。こちらは、集団的自衛権の行使に当たり、対象となる外国を限定し、かつ「必要最小限の実力行使」の範囲内といった条件を付けるなどした、限定的な容認論だ。

報告書はまた、「軍事的措置を伴う国連の集団安全保障措置」への参加に関しては憲法上の制約はないと解釈すべきだとして、解禁を求めた[104]。湾岸戦争での対イラク武力行使などに代表される国連安全保障理事会が認めた集団安全保障措置は、憲法第九条一項で禁じられている「国際紛争を解決する手段としての武力行使」、すなわち侵略戦争には該当しないので、参加可能だという見解を示したのである。第九条一項をめぐる憲法解釈の変更であった。

安倍は報告書提出を受けて記者会見を開き、「二つの異なる考え方」が示されたと前置きした上で、「これまでの憲法解釈とは論理的に整合しない」と、芦田修正に基づく全面的容認論を拒否した。さらに、自衛隊が武力行使を目的に湾岸戦争やイラク戦争での戦闘に参加するようなことは今後もないと明言し[105]、集団安全保障措置に関する第九条一項の解釈変更の可能性も否定した。

安倍は一方で、「我が国の安全に重大な影響を及ぼす可能性があるとき、限定的に集団的自衛権を行使することは許される」という考え方に基づき、法整備を進めると宣言した[106]。自衛のための必要最小限の措置の中に集団的自衛権の行使も含まれるという、報告書の勧告を踏まえた方針だ。

安倍の説明に違和感を覚える向きもあった。報告書を起草した北岡伸一は「報告書では芦田修正は取らないと提案した。第九条一項における国際紛争の意味について解釈の変更を提案したが、これは採用されなかった」と振り返る[107]。

報告書の事実上の筆者である北岡の「芦田修正は取らないと提案した」という説明と、芦田修正に基づく全面行使容認論と限定的行使容認論の「二つの考え方」が示されたと語った安倍の受け止め方の間には、食い違いがある。この点に関しては、安倍が憲法解釈の見直しに慎重だった連立相手の公明党に対する政治的配慮として、芦田修正にあえて言及した可能性が濃厚だ。

芦田修正とは、一九四六年に衆議院憲法改正小委員会の委員長だった芦田均《あしだひとし》が、第九条二項の冒頭に「前項の目的を達するため」という文言を挿入したことを指す。これにより、日本が放棄したのは侵略戦争に限られ、「自衛のための戦争と武力行使」および「侵略に対して制裁を加える場合の戦争」は認められるという解釈が、「芦田修正論」である。[108] 端的に言えば、「自衛のためなら何でもできる」とするもので、[109] 芦田修正論に基づけば、現憲法下でも集団的自衛権はいかなる制約も受けずに行使でき、湾岸戦争型の集団安全保障措置へも戦闘を含め参加可能だということになる。

内閣官房副長官補兼国家安全保障局次長だった兼原信克《かねはらのぶかつ》は、安倍が芦田修正論に触れた意図を「最後の瞬間に『全面行使はしない』ということを『芦田修正は取らない』という言い方をしただけ」だと読み解く。[110] 公明党を気遣う必要がなければ、安倍は全面的な行使容認を目指しただろうというのが、兼原の推測だ。[111]

全面的な行使解禁が本音だった安倍にとって、真っ向からそれはあり得ないと否定するより、芦田修正論という言葉を使うほうが心理的ハードルは低かったということなのか、報告書中に芦田修正という表現を見つけ、簡明で分かりやすいと食いついたのかは、明らかではない。いずれにせよ、政策実現のためには妥協も辞さない安倍のプラグマティズムを象徴的に示した記者会見だった。

法理の壁と解釈改憲

もっとも、仮に公明党との連立政権でなく自民党単独政権だったとしても、安倍が全面的な集団的自衛権の行使容認に踏み切ることができたかは疑わしい。いみじくも安倍自身が、従来の政府の憲法解釈と整合しないと会見で述べたように、芦田修正論の採用にはより根本的、法理的な壁があったためだ。

政府は、日本に対する急迫不正の侵害がある、これを排除するために他の適当な手段がない、必要最小限度の実力行使にとどまる——という三要件を満たした場合のみ武力行使できるとの解釈を取ってきた[112]。「自衛のためなら何でもできる」という芦田修正論を採用すれば、武力行使の条件を厳格に定めた公式見解をなかったことにする必要がある。芦田修正論の拒否は、従来解釈と最大限の論理的一貫性を保ち、法的安定性を確保しようとした結果でもあった。

こうした限界を突破する最も合理的で正当な方法は憲法第九条の改正であり、安倍も保守政治家としてこれを持論としてきた。安倍は政権復帰直後、衆参両院の三分の二以上の賛成で改正案が発議されると定めた憲法第九六条を改正し、発議要件を単純過半数に引き下げるべきだと唱えた。発議要件が緩和されれば、第九条の改正も容易になると計算したためで、安倍は当初、第九六条改正を二〇一三年七月の参議院議員選挙の争点にしたい意向だった[113]。

しかし、第九六条改正は公明党の反対に直面した。実現すれば自民党単独で憲法改正を発議できるようになることから、公明党は連立政権内での影響力低下につながると懸念したのである。さらに憲法学者の間でも否定的な声が多く、そのためか有権者の支持も盛り上がらなかった。発議要件緩和のための憲法改正という議論は参院選を待たずに失速し[114]、改正の敷居の高さが浮き彫りになった。

結局、安倍が集団的自衛権の行使容認に踏み出すには、第九条改正ではなく「解釈改憲」という手法を取る以外になかったのである。そして行使に当たっては、現憲法と整合的なものとするために厳しい要件を付さざるを得なかった。解釈改憲の限界だったと言えよう。

安倍内閣は安保法制懇の報告書提出から約一ヵ月半後の二〇一四年七月一日、「国の存立を全うし、国民を守るための切れ目のない安全保障法制の整備について」と題する閣議決定を行い、憲法第九条の解釈を変更した。すなわち、三要件のうち、「日本に対する急迫不正の侵害の存在」という要件を中心に修正し、「我が国と密接な関係にある他国に対する武力攻撃が発生」し、「我が国の存立が脅かされ、国民の生命、自由及び幸福追求の権利が根底から覆される明白な危険がある場合」に、他に適当な手段がなく、必要最小限度であることを条件に、自衛の措置として実力行使を認めると改めた。[115] ガイドラインの再改定作業と一体的に整備された平和安全法制における、「存立危機事態」での集団的自衛権の行使に当たる。

閣議決定ではほかに、補給、輸送などの他国軍隊への後方支援活動について「現に戦闘を行っている現場」ではない場所で行うのであれば、他国の武力行使と一体化するものではないとの解釈を示した。[116] 後方支援活動の実施場所を「後方地域」「非戦闘地域」として一律に区切る従来の枠組みを廃止し、米軍などへの後方支援を柔軟に行えるようにする狙いだ。

国連平和維持活動（PKO）などに従事している外国部隊や国連・NGO職員らが襲撃を受けた際、同じ活動に従事している自衛隊が駆け付けて救援する「駆け付け警護」に関しても、自衛隊の武器使用を認めた。[117]「非戦闘地域」の廃止と駆け付け警護の容認の二つは、周辺事態や国際安全保障分野での自衛隊活動の制約を緩和する法整備のための論理だった。集団的自衛権をめぐる議論とは切り分けられた、「積極的平和主義」の具体化を狙った変更と言える。

閣議決定に至る過程で、内閣官房、外務省、防衛省、内閣法制局の幹部を集めて協議を重ね、閣議決定の「法理を打ち立て」たのは、法制局長官の小松であった[118]。

兼原によると、閣議決定の草案は二〇一四年の正月にはほぼ完成していたが[119]、小松はこの直後、がんのため虎の門病院に入院する。一月三十一日には、病床を見舞った安倍に「自分の残りの人生をかけて、この責任をまっとうさせてください」と静かに語った[120]。

病の心理的影響かどうかは不明だが、小松は三月五日の参議院予算委員会で、その前日、「安倍政権の番犬」と小松を批判した共産党の小池晃《こいけあきら》の発言に食ってかかり、同七日にはこれをとがめた同党の大門実紀史《だいもんみきし》と口論になるなど、言動を問題視されることになる[121]。同十五日に知人だった上智大学名誉教授の村瀬信也《むらせしんや》に「このゲームを楽しんでやっていることなので、どうぞご安心下さい」という電子メールを送り、末尾に「おもしろきこともなき世をおもしろく　すみなすものは心なりけり」という高杉晋作の「辞世」の句を添えた[122]。

小松は安保法制懇の報告書発表翌日の五月十六日に体調不良を理由に法制局長官を退任し、六月二十三日、閣議決定を見届けることなく死去した。

「対米対等」の密教

集団的自衛権の限定行使容認とガイドラインの再改定は、日本の対米協力を拡大して日米共同の抑止力を高め、日米同盟を強化するという目標の下に進められ、当然ながら米政府も、期待を抱きながら安倍政権の取り組みを注視していた。

オバマ政権が進めていたリバランス政策の柱の一つは、同盟各国との協力拡大を基盤に、北大西洋条約機構（NATO）のような集団防衛体制を欠くアジア太平洋に「地域安全保障アーキテクチャ〔建築・構造〕」を構築することにあった。[123] 安全保障アーキテクチャとは、米国を中心とした二国間同盟のネットワーク、テロ対策など特定の目的を達成するための各種の多国間協力、東南アジア諸国連合（ASEAN）に代表される地域的枠組みの三つを、アジアの安全保障を維持する一体的な重層構造として捉えた概念である。[124] 憲法解釈の変更に伴う自衛隊の行動の自由の拡大と、米軍支援に関する地理的制約の緩和は、安全保障アーキテクチャを支える「公共財」としての日米同盟の深化につながり、米国の戦略目標達成に向けた重要な要素となった。

日米同盟強化はまた、中東の地域情勢に精力を注がざるを得ず、内政面でも攻撃的姿勢を強める野党・共和党に手を焼いていたオバマ政権が、前向きな進展と位置付けることができる成果でもあった。

安保上の課題としてオバマが直面していたのは、シリア内戦と、同国などで勢力を拡大させた過激派組織「イスラム国」（IS）への対処だった。オバマ政権はアジア重視を掲げながらも、中東に引き戻される悪循環に陥っていたのである。

オバマは二〇一三年夏、シリア内戦で化学兵器を使用したアサド政権に限定的攻撃を加えることを決めたと表明したにもかかわらず、軍事行動をなお躊躇した。オバマの苦悩は、断固とした行動を訴えつつ、米国の力の限界を認め、外交的解決への希望を表明した九月十日の国民向け演説に集約されている。

アメリカは世界の警察官ではない。世界中で恐ろしいことが起こっており、すべての過ちを正すことはわれわれの手に余る。しかし、ささやかな努力とリスクで、子供たちがガスで殺されるのを食い止めることができ、それによって長期的に自分たちの子どもたちをより安全にすることができるのであれば、私たちは行動すべきだと私は信じている。[125]

国内に目を転じると、オバマは二〇一一年以降、下院多数派を握った共和党主導の強制的な予算削減措置に伴う国防予算大幅カットの圧力にさらされていた。外交・内政両面で守勢に立たされていたオバマ政権にとって、同盟国による米軍支援の強化と地域安保への一段の貢献は、高く評価できるものだった。

さらに、日本との安保政策の擦り合わせに当たり、齟齬《そご》が目立っていたオバマ政権の中国観も、変わりつつあった。

オバマは二〇一三年六月、中国国家主席に同三月に就任したばかりの習近平をカリフォルニア州の保養地サニーランドに迎え、二日にわたり会談した。約五ヵ月後の十一月二十日には、スーザン・ライス大統領補佐官（国家安全保障担当）が「新型大国間関係を実行に移すよう努める」と語り、[126]オバマ政権が中国との協調重視に傾いたとの印象を内外に与えた。

しかし、このわずか三日後の十一月二十三日、中国が尖閣諸島を含む東シナ海上空に防空識別圏を設定したと発表すると、融和ムードは「雲散霧消」した。[127]二〇一四年五月には、中国が南シナ海・南沙（英語名・スプラトリー）諸島の岩礁を埋め立てて滑走路を建設していることが明らかになった[128]。中国の威圧的行動を見せつけられた米国にとって、地域秩序維持の柱として日米同盟の重要性は高まっていった。

まず、チャック・ヘーゲル国防長官が二〇一四年四月に日本を訪問し、集団的自衛権に関する憲法解釈の見直しを含む日本の取り組みを歓迎すると表明した[129]。直後にはオバマ自身が日本を訪れ、安倍にヘーゲル同様の「歓迎と支持」を伝えた[130]。

オバマはさらに、安倍との会談とその後の共同記者会見で「日本の施政下にある領域は日米安保条約第五条の適用対象であり、尖閣諸島もそれに含まれる」と述べ、尖閣は米国の防衛義務の対象だと明言した[131]。安倍は後に「米国の安全保障チームが、日本は集団的自衛権の憲法解釈変更を着実に進めようとしている、という判断をして、それならば、ということで日本の要求に応じてくれたのです。オバマも同意し、言及してくれました」と回顧し、日本側から尖閣防衛義務について明確にしてほしいと要請したと明かしている[132]。

米政府は一九五〇年代以来、米軍の日本駐留の権利維持を最優先しつつ、日本が自前の軍事力を強化してアジアの安定勢力となるよう期待してきた。この頃から、日本が海外派兵を伴う相互防衛を担うこと自体は否定的に捉えておらず[133]、とりわけベトナム戦争後や湾岸戦争後は、日本に軍事的役割の拡大を求めた[134]。オバマ政権も、伝統的な米政府の姿勢から逸脱していたわけではなかったのである。

一方で、オバマの「歓迎」は、首脳間の関係の良さを示すものではない。オバマ政権は第二次安倍政権発足当初、安倍の歴史問題の捉え方に「幾分かの懸念」を抱いており[135]、二〇一三年十二月に安倍が靖国神社を参拝した時は「失望」を表明した。[136] オバマは総じて歴史修正主義的な安倍の言動に神経質だったが、安保政策ではビジネスライクな対応を取ったと評するべきだろう。

憲法解釈の変更に関し、好意的な米国とは対照的だったのが、日本国内の反応だった。政府はそれまで憲法上の制約で集団的自衛権を行使できないとしてきたにもかかわらず、制約の源である憲法自体を変えないまま「クロをシロと言いくるめるような転換」を図ったという批判が噴出したのである。[137] 安倍本人ですら、集団的自衛権の限定行使を織り込んだ平和安全法制について「憲法解釈を変えて合憲だと位置づけるという離れ業の論理を構築して」作成したという認識を示したほどであるから、異論が出たのは無理もない。[138]

ただ、集団的自衛権の行使をめぐっては、解釈変更を実現させた政治手法の是非だけでなく、それが米国に軍事的に依存してきた日本の外交・安保政策の自主・主体性をめぐる一九五〇年代以来の論議と不可分であったという視点も重要だろう。

安倍は閣議決定後の記者会見で、同盟の抑止力向上と地域・国際社会の平和と安定への積極的貢献が目的だと説明し、対米依存の低減という自主・自立の論理で解釈の変更を語らなかった。[139] だが、安倍にとって集団的自衛権の行使容認は、憲法改正と並び、かつて唱えた「戦後レジーム」からの脱却を図るための課題であったことも事実である。[140]

安倍は自著中で、集団的自衛権行使に関し、日米同盟の双務性を高めて米国と「より対等な関係」をつくり、日本の発言力が「格段に増す」ことになると意義を強調し、権利があっても行使できないという従来の憲法解釈を「財産に権利はあるが、自分の自由にはならない、というかつての

〝禁治産者〟の規定に似ている」と批判していた。[141] 谷内が政権発足当初に安倍に行った意見具申の内容を想起する必要もある。前述のように谷内は、憲法改正と並び「双務的ないし対等の日米同盟を作ること」を政権の大目標とすべきだと強調していた。

同盟の抑止力強化という「顕教」の裏には、自主・主体性の向上を通じた対米対等の達成という「密教」があったのである。

3 非対称性の「改善」

平和安全法制の「指針」

前述のように、日米両政府は二〇一三（平成二十五）年十月の安全保障協議委員会（2プラス2）で一四年中にガイドラインを再改定することで合意していたが、ガイドラインの履行を担保する平和安全法制をめぐる与党協議の調整は遅れた。[142] このため日米は、同年十月のガイドライン再改定の中間報告発表を経て、[143] 同十二月に再改定期限を延長することを決めた。[144]

自公両党が平和安全法制の具体的方向性を示した文書に合意したのは二〇一五年三月二十日である。[145] これを受け日米両政府は四月二十七日、ニューヨークで再度2プラス2を開き、一八年ぶりにガイドラインを改定した。さらに五月三日までの安倍の訪米を経て、日本政府は同十四日、平和安全法制の関連法案を閣議決定した。

関連法案の決定と再改定の時期が近接していたことから分かるように、平和安全法制と15ガイドラインは不可分だった。国家安全保障局次長として、首相官邸で双方の実務に関与した髙見澤將林は次のように解説する。

> 平和安全法制とガイドラインの見直しプロセスは並行して進んでいったというところが、最大のポイントじゃないかな。ガイドラインのほうである程度具体的なニーズなりイメージを持ち、平和安全法制のほうでそれをかちっと受け止めて、それを与党協議の中で具体化していくということです。ただ、〔15ガイドラインに日米協力のメニューとして盛り込まれることになる〕多くの話は、ガイドラインの見直し作業であるとか、あるいは平和安全法制の前から、ずっと累積的に認識はされていた。つまり「こうしなきゃいけないな」ということをみんなが感じていたけれども、なかなか施策ができなかったところ、安倍総理がそれを「施策化するぞ」ということで走り出した結果、今までくすぶっていたものを全部整理して、平和安全法制のプロセスとガイドラインの見直しのプロセスに反映させていったということだと思う。[146]

15ガイドラインの作成過程で日米軍事協力の「具体的なニーズなりイメージ」を把握し、それを平和安全法制の内容に反映していったという証言は興味深い。15ガイドラインは、平和安全法制の「指針」にもなったのである。以下でガイドラインの内容を分析していくが、解説に当たっては、必要に応じ両者を一体的に扱うことにしたい。

「グレーゾーン」「存立危機」「重要影響」事態

15ガイドラインは、97ガイドラインで定められた日米協力を一段と発展させたほか、集団的自衛権の限定行使容認を受けた新たな自衛隊の活動について定めた。また、時限的措置として行ってきた活動や、先行して着手されていた自衛隊と米軍の運用面での連携を日米両政府間の取り決めの形で公式化し、継続的運用政策として位置付け直した。最後に、日米軍事協力の深化・拡大を通じた同盟強化の政治的メッセージを、内外に発信する役割を果たした。

従来路線の延長線上の協力深化という点ではまず、グレーゾーン事態への対処を念頭に、「切れ目のない、力強い、柔軟かつ実効的な日米共同の対応」をうたった。[147] 漁民を装った中国民兵による尖閣諸島上陸・占拠、尖閣周辺の領海内における中国軍艦の「無害通航」に当たらない軍事活動など、東シナ海での中国の動きを想定している。

具体的には、自衛隊と米軍の活動に関し政府全体で調整を図る「同盟調整メカニズム」を、従来の日本有事と周辺事態だけでなく、平時から利用できることとした。平時からグレーゾーン、さらに有事へと事態が変遷する間も日米間に齟齬を生じさせないため、つまり「切れ目のない」対応を保証するための措置だ。

統合幕僚監部が、意義が「大きかった」（統合幕僚長だった河野《かわの》克俊《かつとし》）と歓迎したのが、[148] 78ガイドラインと97ガイドラインでそれぞれ「研究」「検討」するとの表現にとどまっていた自衛隊と米軍の共同作戦計画の「策定」「更新」の明記だ。

有事の際の日米共同作戦が当たり前と捉えられていた状況で、河野がなお作戦計画「策定」の明記を重大に受け止めたのは、制服組が第一章で紹介した「三矢研究事件」のトラウマをなお引きずっていたということもあろう。15ガイドラインによって、自衛隊は政治レベルで日米の共同作戦計画の策定を認められ、三矢研究事件のような問題は二度と生じないと確信することができた。統合幕僚監部と米太平洋軍はこれ以降、尖閣有事シナリオを含む共同作戦計画の策定に乗り出すことになったのである。

15ガイドラインはまた、米軍が「打撃力の使用を伴う作戦」を実施する場合、自衛隊は必要に応じ支援を行うことができると定めた。「米軍は矛、自衛隊は盾」という役割分担の大枠は不変だが、打撃力を用いた作戦での日米協力強化の方向性を読み取ることができる。[149] 宇宙・サイバー空間という新たな国際公共領域の安全確保と安定的利用に向け、日米で協力していく姿勢も打ち出した。ただ、最大の変更点はやはり、「日本以外の国に対する武力攻撃への対処行動」の項目を新設し、次のようにうたったことだろう。

> 自衛隊は、日本と密接な関係にある他国に対する武力攻撃が発生し、これにより日本の存立が脅かされ、国民の生命、自由及び幸福追求の権利が根底から覆される明白な危険がある事態に対処し、日本の存立を全うし、日本国民を守るため、武力の行使を伴う適切な作戦を実施する。

憲法解釈を変更した二〇一四年七月の閣議決定の表現をほぼ踏襲した「存立危機事態」での武力

行使、つまり集団的自衛権の限定行使だ。

存立危機事態で米軍と協力して行う具体的作戦としては、アセット（装備品等）防護や停戦前の機雷掃海活動、他国民間船舶の共同護衛、停船検査（臨検）、米国に向かう可能性のある弾道ミサイルの迎撃、後方支援などが明記された。アセット防護は、公海上で弾道ミサイルを監視していたり、邦人輸送をしていたりする米艦の防護を想定している。[150]

さらに、集団的自衛権の限定行使と並ぶ重要なポイントとして、日本周辺有事での米軍に対する後方支援に関する制約の緩和がある。他国軍隊による武力行使との一体化を避ける目的で97ガイドラインに盛り込まれていた表現はほぼ姿を消し、「周辺事態」という概念も「日本の平和及び安全に重要な影響を与える事態」、すなわち「重要影響事態」に言い換えられた。これに伴い、平和安全法制では、「周辺事態法」を「重要影響事態法」に改正している。

一九九九年に成立した周辺事態法の国会審議では、周辺事態の地理的範囲が論点になったが、重要影響事態とすることで、「周辺」という言葉が示唆していた活動場所をめぐる地理的制約は取り払われた。[151] 97ガイドライン中の「後方地域支援」は15ガイドラインで「後方支援」になり、97ガイドラインにあった「主として日本の領域」「戦闘行動が行われている地域とは一線を画される日本の周囲の公海及びその上空」という実施場所を特定する表現も、姿を消した。また、平和安全法制により、それまで除外されていた弾薬の供与や発進準備中の戦闘機への給油が、後方支援活動の一環として実行できるようになった。

次に、公式化に関しては、特別措置法で対応してきたイラクでの人道支援やインド洋での給油のような自衛隊の活動を、「アジア太平洋地域及びこれを越えた地域の平和及び安全のための国際的な活動」という表現で一般化し、グローバルな日米協力の対象と位置付けた。国家安保戦略で強調した「国際協調主義に基づく積極的平和主義」を日米協力の枠組みに落とし込んだと言えよう。

日本有事における作戦構想の一つとして新たに弾道ミサイル防衛での日米共同作戦の項目を立て、かつ、中国による南西諸島への圧力を踏まえ、陸上攻撃への対処作戦の一環に島嶼防衛を明記したことも、新たな運用政策というより、公式化の例と見なせる。

日本政府は二〇〇三年に弾道ミサイル防衛の導入を決めて以来、[152]米軍と連携して防衛システムの構築・運用を進めていた。島嶼防衛に関しても、自衛隊と米軍は野田政権下の一二年に尖閣有事を想定した共同作戦の「研究案」を作成していたとされる。[153]一三年には米カリフォルニア州で、陸海空の自衛隊が米海兵隊と共に国外初の離島奪還の日米共同訓練を行うなど、部隊運用での連携は既に緒に就いていた。[154]

もっとも、15ガイドラインでは、島嶼部への攻撃が起きた際の米軍の役割に関し「自衛隊の作戦を支援し及び補完するための作戦を実施する」と記すにとどまり、詳細は前述の共同作戦計画で定める段取りとなった。河野は島嶼防衛・奪還作戦を行う自衛隊に対する後方支援や制海・制空権の確保をイメージしていたと解説するが、再改定時点で具体的な米軍の役割が定まっていたわけではない。[155]

最後に、ガイドライン再改定という行為自体が、同盟強化と地域秩序維持に向けた日米の決意表明であり、周辺諸国への政治的メッセージであったことは、言うまでもない。

「新三要件」の制約

では、上記内容の15ガイドラインの意義をどう捉えればよいだろうか。

まず、限定的ながら集団的自衛権の行使を織り込んだ上、日米同盟のグローバルな性格を打ち出し、日米軍事協力の地理的制約をなくしたことで、同盟の深化・発展を印象付けた。このうち、集団的自衛権の限定行使容認を踏まえた存立危機事態での日米共同対処については、従来の日本の方針を転換した点で歴史的であったという説明で十分であろう。

米側が成果として重視したのは、同盟の適用範囲の拡大だ。アシュトン・カーター国防長官はガイドラインを再改定した2プラス2後の記者会見で、97ガイドラインと15ガイドラインの違いを問われ、「現在のガイドライン〔15ガイドライン〕には地理的制約がない。〔中略〕地域に焦点を当てたものから、世界に焦点を当てたものへと非常に大きく変化した」と説明した。[156]地理的制約の撤廃と同盟のグローバル化を最大限評価した発言だ。

さらに、弾道ミサイル防衛と島嶼防衛の明記には、それぞれ核搭載弾道ミサイル開発に力を注ぐ北朝鮮と、尖閣諸島をうかがう中国に対し、日米共同で抑止力の構築・強化に努める姿勢を示す狙いがあった。国際政治学者の神保謙《じんぼけん》は、尖閣防衛への対応で米側の関与が限定的であるとのシグナルを送れば「中国からの現状変更の圧力が公然と高まることは明白だった」と指摘し、15ガイドラインが、平時のほか尖閣防衛を主眼とするグレーゾーン事態をも「日米同盟の射程」に入れたことを前向きに評価した。[157]中国に対する全般的な抑止力の向上に寄与したという主張である。

このように、15ガイドラインが日本の防衛政策発展の大きな節目となったことは明白だ。しかし、それでもなお、再改定をもって日米の軍事協力の性質が根本的に変わったと受け止めることはできない。集団的自衛権の行使は、日本存立の危機に直結する事態で、他に手段がなく、必要最小限度の実力行使にとどまるという「新武力行使の三要件」を満たして初めて認められる。日本の武力行使には、依然として「三要件」という制約が課されているからだ。

集団的自衛権とは、武力攻撃を受けた国を助けて共同防衛を行ういわば「他国防衛」の権利だ。これに対し、15ガイドラインでの集団的自衛権の限定行使は本質的に「日本防衛」の一環であり、NATOのような相互防衛は不可能だ。限定行使を「日本の平和及び安全の切れ目のない確保」という大項目の下位項目で扱うガイドラインの構成自体が、象徴的であろう。

防衛大学校長などを務めた西原正《にしはらまさし》は、ガイドライン再改定と平和安全法制の整備を終えた日本の国防について「集団的自衛権の行使には厳しい三要件を課している。その意味で、そうした制約を課していない「ノーマルな」(制約のない)国から見れば、今回の安全保障法制はまだ「控え目」(modest)である」とみる。[158] 知日派の研究者であるジェームズ・ショフも、集団的自衛権が行使される可能性が最も高いのは朝鮮半島有事であり、「日本はこのシナリオでは、より軍国主義的な外交政策に向けた積極的措置というより、増大する北朝鮮の核・ミサイルの脅威に対する実際的対応として、単に自衛の論理を極限まで拡大することになる。〔中略〕明らかに安倍が二〇一二年に思い描いていた内容より控え目だ」と分析した。[159]

一方で、平和安全法制は集団的自衛権の限定行使の個別事例を明記しておらず、「明確な「限定」が存在しないことは明らか」だという批判は依然根強い。[160] 歯止めが十分ではないという議論である。

平和安全法制では、自衛隊は存立危機事態に際し、「防衛出動」して必要な武力を行使できるとされている。[161]「必要な武力行使」とは何なのか、その内容は時の政権の判断で変わってくる。

この点は、法律で具体的行動がリスト形式で定められている重要影響事態における後方支援活動とは対照的だ。平和安全法制の一部を構成する重要影響事態法は、後方支援活動として自衛隊が提供する物品や役務を「別表第一」としてまとめ、「補給」「輸送」「修理及び整備」など一一種類を列挙し、それぞれの内容も明記している。[162]

これに対し、存立危機事態を迎えた時には、政府は防衛出動命令を含む対処の基本方針（対処基本方針）を閣議決定し、国会の承認を経るなどして武力行使に踏み切ることになる。[163] 防衛出動の中身に関しては、重要影響事態のようなリストはない。

政府が国会審議などで示した、公海上で弾道ミサイルを監視する米艦の防護といった活動は、想定される「事例」に過ぎない。[164] 存立危機事態の際の日米協力として15ガイドラインに盛り込まれたアセット防護や停戦前の機雷掃海活動、米国に向かう可能性のある弾道ミサイルの迎撃なども、あくまで「協力して行う作戦の例」なのである。したがって、政府が明らかにしてきた「事例」以外の行動が取られることは、法理上ないわけではないのだ。

だが、集団的自衛権の行使が「新武力行使の三要件」、とりわけ「必要最小限度の実力行使にとどまる」という要件に合致したものでなければならない以上、やはり制約は厳しい。

安倍は自衛隊のいわゆる海外派兵について、「例外的」なホルムズ海峡での機雷掃海のほかは必要最小限度を超える実力行使に当たるため基本的に認められず、[165]「他国の領土、領海に自衛隊を派遣をする、武力行使を目的として派遣をする、言わば相手の軍隊をせん滅をするために砲撃や何かを加える」ような作戦の遂行は不可能だと強調した。[166]しかも安倍は、唯一の例外として挙げた機雷掃海に関しても「どの道、政策判断としては、事実上の停戦合意が行われていないところにおいて、そこに木やプラスチックでできている攻撃能力のない掃海艇を送ることは事実上考えられない」と述べ、実際はあり得ないと説明した。[167]

存立危機事態での日本の武力行使が限定的であることは、15ガイドライン中の該当項目と日本有事の項目を比較すれば、さらに明確になる。

まず、後者の日本が武力攻撃を受けた場合の「作戦構想」は、自衛隊、米軍ともより柔軟に行動できる表現になっている。例えば、自衛隊および米軍は、空域防衛のための作戦では「日本の上空及び周辺空域を防衛するため、共同作戦を実施する」、陸上攻撃への対処では「陸、海、空又は水陸両用部隊を用いて、共同作戦を実施する」とうたった。抽象度が高いのである。

対照的に存立危機事態では、前述のように自衛隊と米軍の活動のメニューが「協力して行う作戦の例」としてリストアップされている。法律の次元はともかく、ガイドラインという政治的次元で、「して良いこと」「できること」を列挙する「ポジリスト」方式で規定されているのだ。そして、こうした一連の活動は、米艦防護が代表例に挙げられることから分かるように、米軍の軍事作戦の支援・補完を主に想定している。

このことは、平和安全法制が、軍事的措置を伴う集団安全保障への参加を原則として許していない点からも明らかだ。国際安全保障の分野で自衛隊が新たにできるようになったのは、後方支援活動としての給油・弾薬提供と人道復興支援活動への参加、駆け付け警護などにとどまり、湾岸戦争のような多国籍軍の軍事活動に戦闘を前提に加わることはできない。

安倍政権は「積極的平和主義」という国際主義を連想させるレトリックで平和安全法制を説明したものの、実態としては、同法制は国際主義に根差した活動への関与の拡大ではなく、集団的自衛権の限定行使を通じた米軍との関係緊密化や対米協力の深化を意図して整備された。冷戦終結後の一九九〇年代は、「国際貢献」の名の下で日本の自主性をいかに発揮するかが議論されたのに対し、二〇一〇年代は、安保環境の悪化を受け、日米同盟の抑止力向上のために日本がどれだけ自主的な取り組みを強化できるかが焦点になったのである。

維持された専守防衛

日米安保体制の最大の特徴は、日本が米国に駐留拠点を貸す代わりに米国から安全保障を得る「物と人との協力」という非対称の構図にある。安倍政権は15ガイドラインと平和安全法制を通じ「人の協力」を拡大することで、同盟構造の非対称性を改善した。再改定作業に関わった元防衛省当局者は「少しでも非対称性をなくす方向にする、それには日本が軍事的にもっと大きな役割を持つことによってそうするというのがベストな答えだと思いますけれども、そういうふうにせざるを得ないんじゃないかという認識はかなりの人が持っていたと思うし、少なくとも私はそれを明確に意識していた」と証言する。[168]

ただ、それは改善であって、解消ではなかった。15ガイドラインは、現行の日米安保体制の枠組みにおける日米間の軍事協力のメニューや内容を限界近くまで拡大、深化させたが、枠組みそのものを変えたわけではない。集団的自衛権の行使は例外的であり、米政府が15ガイドラインの特徴として重視したグローバルな日米軍事協力についても、時限措置だった従来の対応を一般化したにとどまる。

ショフはこの点に関し「一九九〇年以来の安全保障改革の階段を上る長期にわたる漸進的な歩みにおいて、日本は安倍の二期目の間に最後の数段を全速力で駆け上ったようなものだが、現在は恐らく階段を上りきった」と評した。[169] 西原の表現を借りれば、「敵性国の攻撃力に対して日本が拒否的抑止力（専守防衛）を持つという従来日本がとってきた政策」は不変である。[170]

西原の指摘は重要だ。専守防衛は「相手から武力攻撃を受けたときにはじめて防衛力を行使し、その態様も自衛のための必要最小限にとどめ、また、保持する防衛力も自衛のための必要最小限のものに限るなど、憲法の精神に則った受動的な防衛戦略の姿勢」と定義される。[171] 憲法第九条を原理的根拠とする、武力行使について極めて抑制的な原則である。[172] 第九条改正による完全な集団的自衛権の行使ではなく、解釈変更を通じた限定的行使の容認では、防衛力の整備・運用の基本原則である専守防衛と、[173]「米軍は矛、自衛隊は盾」という役割分担の根幹は変わらなかった。

中国への対応でも、同国が関係する有事を具体的に想起させる表現は、15ガイドライン中にはあまり見られない。島嶼防衛は中国による沖縄県・尖閣諸島侵攻を意識しているが、「昔から言っているとをより簡潔に書いている」（元防衛省当局者）というのが実態だ。[174]
この元防衛省当局者は「中国に対して同盟の強化ということを分かるように示さないといけないという意識はあったと思う。ただ、それはガイドラインをリニューアルして同盟関係強化を見せるという動機にはなっているけれども、強化されたその中身を〔対〕中国〔という文脈〕でどう説明することが可能かということになると、それは別の話だ」と認める。[175]政治的意思表明にはなったが、対中軍事戦略の色彩は前面に出ていないという分析だ。付言すると、集団的自衛権の問題と密接に関わる台湾有事の際の日米協力を議論することは当時まだ「タブー」で、15ガイドライン協議でも具体的に検討された形跡はない。[176]
こうした15ガイドラインの性格は、米政府の対中政策にも合致していた。オバマ政権はガイドラインの再改定を、対中抑止策の一環として位置付けることに慎重だったからだ。
オバマは中国の行動抑止と日米同盟強化の必要性を認識していたし、日本が抱く懸念に鈍感だったわけでもない。オバマ政権一期目のヒラリー・クリントンにはじまり、[177]二期目に入ってもヘーゲル、[178]さらに前述のようにオバマ自身が、[179]尖閣諸島は日米安保条約第五条の適用対象だと明言し、米国の尖閣防衛義務を確認している。
中国が南シナ海で領有権の主張を強め、人工島建設を通じ軍事拠点化を図っていた問題をめぐっても、ヘーゲルは二〇一四年五月末、シンガポールで開かれたアジア安全保障会議で中国を強く牽制した。

上空通過や航行の自由を制限するいかなる国のいかなる試みにも――それが軍艦艇、民間船舶によるものであれ、あるいは大国によるものであれ小国によるものであれ――反対する。[180]

二〇一五年五月には、国防総省の報道部長が、国際法で領海と定義されている沿岸から一二カイリ内に艦船・航空機をあえて進入させ、過度な領域管理に異議を唱える「航行の自由作戦」の実施も辞さないと述べた。[181] そして同年十月には、中国が人工島を築いた南沙諸島のスービ（中国名・渚碧）礁などから十二カイリ内を米海軍のイージス駆逐艦「ラッセン」が実際に航行したのである。[182]

だが、ガイドラインが再改定された二〇一五年四月時点では、オバマ政権は中国との緊張が軍事的な領域にまで及ぶことを避けたいと考えていたようだ。航行の自由作戦に先立っては、同九月の習近平の国賓訪米を控えて慎重だった政権内の勢力と、早期の実施を望むハリー・ハリス太平洋軍司令官らとの間で確執があったとされ、[183] 作戦の実施は結局、習の訪米から約一ヵ月後にずれ込んだ。

オバマ政権は少なくともガイドライン再改定時点では、対中政策に関し、地球温暖化や不拡散といった「グローバルな政策課題」での協調と、南シナ海問題をはじめとする「競争的」争点の間でバランスを取ろうとしていた。[184] このため、競争的争点をめぐっては「できるだけ中国との関係を傷つけないような慎重な対応」を取っていたとみるのが妥当で、[185] 仮に日本側が15ガイドラインでより明確に対中抑止を打ち出そうとしたところで、米側は同意しなかったと考えられる。[186]

尖閣防衛に関する一連の発言も、日本への安心供与の一環と捉えるべきであろう。[187] オバマ政権にとっては、自国の安全に対する不安を募らせる日本に寄り添うメッセージを発信することが重要だった。15ガイドラインは、中国の軍事的圧力に対処する「脅威対抗」という純軍事的視点ではなく、日米間の非対称性の改善を通じた日米同盟の全般的強化という視点から捉えるべきだろう。

注

1 『読売新聞』二〇一二年八月四日。
2 『日本経済新聞』二〇一二年八月五日。
3 マーク・リッパート元米国防次官補とのインタビュー（二〇一九年一月十六日、東京）。
4 同右。
5 森本敏とのインタビュー（二〇一九年二月六日、東京）。
6 同右。
7 「共同発表　日米安全保障協議委員会」二〇〇五年二月十九日（https://www.mofa.go.jp/mofaj/area/usa/hosho/2_2_05_02.html）二〇一九年九月三十日閲覧。「日米同盟：未来のための変革と再編（仮訳）」二〇〇五年十月二十九日（https://www.mofa.go.jp/mofaj/area/usa/hosho/henkaku_saihen.html）二〇一九年九月三十日閲覧。
8 DPRIの詳細については、川上高司「在日米軍再編と日米同盟」国際安全保障学会編『国際安全保障』第三三巻第三号（二〇〇五年十二月）一七―四〇頁を参照。
9 徳地秀士「「日米防衛協力のための指針」からみた同盟関係――「指針」の役割の変化を中心として」『国際安全保障』第四四巻第一号（二〇一六年六月）一九頁。
10 前掲「日米同盟：未来のための変革と再編（仮訳）」。
11 元防衛省当局者とのインタビュー（二〇一八年十一月八日、東京）。

12 福田毅「日米防衛協力における3つの転機——1978年ガイドラインから「日米同盟の変革」までの道程」『レファレンス』No. 666（二〇〇六年七月）一七一頁。

13 前掲、リッパートとのインタビュー。

14 前掲、森本とのインタビュー。

15 同右。「日米防衛相会談（結果概要）平成24年8月3日」（https://warp.da.ndl.go.jp/info:ndljp/pid/11450712/www.mod.go.jp/j/approach/anpo/kyougi/2012/08/04_gaiyou.html）二〇二三年三月十四日閲覧。

16 『琉球新報』二〇〇九年七月二十日。

17 「六党党首討論会」二〇〇九年八月十七日、二四頁（https://s3-us-west-2.amazonaws.com/jnpc-prd-public-oregon/files/opdf/410.pdf）二〇一九年九月三十日閲覧。

18 『読売新聞』二〇〇九年十月十一日。

19 「鳩山総理によるアジア政策講演　アジアへの新しいコミットメント——東アジア共同体構想の実現に向けて（仮訳）」（https://www.kantei.go.jp/jp/hatoyama/statement/200911/15singapore.html）二〇二三年三月十四日閲覧。

20 宮城大蔵『現代日本外交史——冷戦後の模索、首相たちの決断』（中公新書、二〇一六年）一九五頁。

21 Jeffrey A. Bader, *Obama and China's Rise: An Insider's Account of America's Asia Strategy* (Washington, D. C.: Brookings Institution Press, 2012) pp. 43-44.

22 Ibid., pp. 44-45.『朝日新聞』二〇〇九年十一月十九日。

23 Bader, *Obama and China's Rise: An Insider's Account of America's Asia Strategy*, p. 46.

24 『読売新聞』二〇一三年十月二十六日。

25 森本敏『オスプレイの謎。その真実』（海竜社、二〇一三年）二一頁。

26 森本敏『安全保障論——21世紀世界の危機管理』（ＰＨＰ研究所、二〇〇〇年）四二八頁。

27 同右、四三〇頁。

28 中曽根康弘『ＰＤＦ版 日本の総理学』（ＰＨＰ研究所、二〇一五年）一二九－一三〇頁。

29 前掲『安全保障論』四二八頁。

30 『日本の防衛――防衛白書 平成24年版』一九頁。

31 海上保安庁「平成28年8月上旬の中国公船及び中国漁船の活動状況について」（https://www.kaiho.mlit.go.jp/info/1608-senkaku.pdf）六頁（二〇二三年十月二十九日閲覧）。

32 経済産業省「２０１４年版不公正貿易報告書」（https://warp.da.ndl.go.jp/info:ndljp/pid/12109574/www.meti.go.jp/shingikai/sankoshin/tsusho_boeki/fukosei_boeki/pdf/2014_02_03_1.pdf）二四九頁（二〇二三年三月十七日閲覧）。

33 海上保安庁「尖閣諸島周辺海域における中国海警局に所属する船舶等の動向と我が国の対処」（https://www.kaiho.mlit.go.jp/mission/senkaku/senkaku.html）二〇二三年三月十七日閲覧。

34 「平成23年度以降に係る防衛計画の大綱について」二〇一〇年十二月十七日（https://www.kantei.go.jp/jp/kakugikettei/2010/1217boueitaikou.pdf）三頁（二〇二三年十二月十日閲覧）。

35 同右、六頁。

36 「防衛大綱見直しの視点」二〇一一年一月九日『衆議院議員 長島昭久 Official Blog『翔ぶが如く』』（https://ameblo.jp/nagashima21/entry-12454916163.html）二〇二三年十二月十日閲覧。

37 梅本哲也『米中戦略関係』（千倉書房、二〇一八年）一〇一頁。

38 同右、七四－七五頁。梅本は「戦略的再保証」と呼んでいるが、原語では「strategic reassurance」であり、本稿ではより原語のニュアンスに近い「戦略的安心供与」の訳語を採用する。

39 *National Security Strategy*, May 2010（https://obamawhitehouse.archives.gov/sites/default/files/rss_viewer/national_security_strategy.pdf）p.43（二〇一九年十一月十七日閲覧）。

40 "Remarks By President Obama to the Australian Parliament, Parliament House, Canberra, Australia," November 17, 2011（https://obamawhitehouse.archives.gov/the-press-office/2011/11/17/remarks-president-obama-australian-parliament）二〇一九年十一月十七日閲覧。

41 "Remarks by H.E. Dai Bingguo State Councilor of the People's Republic of China at the Opening Session of the First Round of the China-US Strategic and Economic Dialogues, Washington D.C., 27 July 2009," July 28, 2009 (http://sanfrancisco.china-consulate.gov.cn/eng/xw/200908/t20090807_4392565.htm）二〇一三年十二月十日閲覧。

42 "Strategic and Economic Dialogue Opening Session," May 23, 2010（https://2009-2017.state.gov/secretary/20092013clinton/rm/2010/05/142134.htm）二〇一三年十二月十日閲覧。

43 "Interview With Greg Sheridan of The Australian," November 8, 2010（https://2009-2017.state.gov/secretary/20092013clinton/rm/2010/11/150671.htm）二〇一三年十二月十日閲覧。増田雅之「パワー・トランジッション論と中国の対米政策――「新型大国関係」論の重点移行」『神奈川大学アジア・レビュー』第二号（二〇一四年―二〇一五年）七三頁（http://asia.kanagawa-u.ac.jp/pdf/asia-review/vol02/paper4.pdf）二〇一三年十二月十日閲覧。

44 ジェームズ・スタインバーグ、マイケル・E・オハンロン（村井浩紀、平野登志雄訳）『米中衝突を避けるために――戦略的再保証と決意』（日本経済新聞出版社、二〇一五年）二七六頁。

45 添谷芳秀『安全保障を問いなおす――「九条―安保体制」を越えて』（NHKブックス、二〇一六年）二二九頁。

46 ジョージ・W・ブッシュ政権の「4年ごとの国防計画の見直し」は、中国を名指しすることを避けつつ、「恐るべき資源基盤を備えた軍事的競争相手が地域（アジア）に出現する可能性がある」と指摘した（*Quadrennial Defense Review Report*, September 30, 2001［https://history.defense.gov/Portals/70/Documents/

quadrennial/QDR2001.pdf〕p. 4〔二〇一九年十一月十七日閲覧〕)。川上高司『米軍の前方展開と日米同盟』（同文舘出版、二〇〇四年）一〇七頁。

47　同右。

48　“Xi Jinping Accepts a Written Interview with the Washington Post of the United States,”(http://us.china-embassy.gov.cn/eng/zmgxs/zxxx/201202/t20120214_4907534.htm）二〇一二年三月十七日閲覧。“Remarks by President Obama and President Xi Jinping of the People’s Republic of China Before Bilateral Meeting, Sunnylands Retreat, Palm Springs, California,” June 7, 2013（https://obamawhitehouse.archives.gov/the-press-office/2013/06/07/remarks-president-obama-and-president-xi-jinping-peoples-republic-china-）二〇一九年十一月十七日閲覧。

49　岩崎茂とのインタビュー（二〇一九年四月一日、東京)。

50　同右。

51　同右。

52　「かわら版 No. 1330『尖閣国有化10年』」野田佳彦公式ウェブサイト（https://www.nodayoshi.gr.jp/leaflet/20220920/514/）二〇二三年十月三十一日閲覧。

53　「大臣会見概要」二〇一二年十一月九日（https://warp.da.ndl.go.jp/info:ndljp/pid/11347003/www.mod.go.jp/j/press/kisha/2012/11/09.pdf）二〇一八年十二月四日閲覧。

54　前掲、森本とのインタビュー。

55　『読売新聞』二〇一二年十二月十三日。

56　『朝日新聞』二〇一二年十二月十四日。

57　前掲「尖閣諸島周辺海域における中国海警局に所属する船舶等の動向と我が国の対処」。

58　黒江哲郎とのインタビュー（二〇二一年十二月十四日、東京)。

59 『朝日新聞』二〇一二年十二月二十七日。
60 前掲、元防衛省当局者とのインタビュー。
61 前掲「「日米防衛協力のための指針」からみた同盟関係」二二頁。
62 中央公論新社ノンフィクション編集部編『『安倍晋三 回顧録』公式副読本 安倍元首相が語らなかった本当のこと』（中央公論新社、二〇二三年）一四−一五頁。
63 同右、一四頁。
64 「「安全保障の法的基盤の再構築に関する懇談会」（第1回）」（https://warp.ndl.go.jp/info:ndljp/pid/12019971/www.kantei.go.jp/jp/singi/anzenhosyou2/dai1/gijiyousi.html）二〇一九年十月一日閲覧。
65 安倍晋三『安倍晋三 回顧録』（中央公論新社、二〇二三年）一〇八頁。
66 「平成25年2月23日 内外記者会見」（https://warp.ndl.go.jp/info:ndljp/pid/8833367/www.kantei.go.jp/jp/96_abe/statement/2013/naigai.html）二〇一九年十月一日閲覧。
67 「第百八十三回国会 衆議院会議録第二号」二〇一三年一月三十日、一二頁。
68 前掲『安倍晋三 回顧録』一〇九頁。
69 クリストファー・ジョンストンとの電話インタビュー（二〇二二年七月十九日）。
70 「〈仮訳〉日米安全保障協議委員会共同発表 より力強い同盟とより大きな責任の共有に向けて」二〇一三年十月三日（https://www.mofa.go.jp/mofaj/files/000016027.pdf）二〇一九年十月一日閲覧。
71 前掲、元防衛省当局者とのインタビュー。
72 Richard L. Armitage, Joseph S. Nye, *The U.S.-Japan Alliance: Anchoring Stability in Asia*（Washington, D.C.: Center for Strategic and International Studies, 2012）pp. 14-15.
73 兼原信克とのインタビュー（二〇二二年七月十五日、東京）および髙見澤將林とのインタビュー（二〇二二年七月二十九日、東京）。

74 中谷元とのインタビュー（二〇一九年八月二十一日、東京）。
75 前掲「〈仮訳〉日米安全保障協議委員会共同発表　より力強い同盟とより大きな責任の共有に向けて」。
76 「第百八十三回国会における安倍内閣総理大臣所信表明演説」二〇一三年一月二十八日（https://warp.ndl.go.jp/info:ndljp/pid/11517337/www.kantei.go.jp/jp/96_abe/statement2/20130128syosin.html）二〇二〇年五月二十九日閲覧。
77 同右。「第百八十三回国会における安倍内閣総理大臣施政方針演説」二〇一三年二月二十八日（https://warp.ndl.go.jp/info:ndljp/pid/11688280/www.kantei.go.jp/jp/96_abe/statement2/20130228siseuhousin.html）二〇二〇年五月二十九日閲覧。
78 前掲「第百八十三回国会における安倍内閣総理大臣所信表明演説」。
79 「国家安全保障戦略について」二〇一三年十二月十七日（https://www.cas.go.jp/jp/siryou/131217anzenhoshou/nss-j.pdf）二〇一九年十月一日閲覧。
80 「平成26年度以降に係る防衛計画の大綱について」二〇一三年十二月十七日（https://warp.ndl.go.jp/info:ndljp/pid/11346747/www.mod.go.jp/j/approach/agenda/guideline/2014/pdf/20131217.pdf）二〇一九年十月一日閲覧。
81 前掲「国家安全保障戦略について」。
82 「国防の基本方針」一九五七年五月二十日、データベース「世界と日本」（https://worldjpn.net/documents/texts/JPSC/19570520.O1J.html）二〇一九年十一月一日閲覧。
83 田中明彦『20世紀の日本2　安全保障——戦後50年の模索』（読売新聞社、一九九七年）一六七頁。
84 同右、一五九—一六〇頁および一七二頁。
85 前掲、髙見澤とのインタビュー。
86 前掲「平成26年度以降に係る防衛計画の大綱について」一頁。

87 同右、三頁。
88 「平成23年度以降に係る防衛計画の大綱について」(https://warp.da.ndl.go.jp/info:ndljp/pid/11591426/www.mod.go.jp/j/approach/agenda/guideline/2011/taikou.pdf) 三頁(二〇一九年十月十六日閲覧)。
89 同右、八頁。
90 前掲「平成26年度以降に係る防衛計画の大綱について」二—三頁。
91 前掲「平成23年度以降に係る防衛計画の大綱について」三頁。
92 前掲「平成26年度以降に係る防衛計画の大綱について」七頁。
93 同右、一七頁。
94 同右、二八頁。「大臣臨時会見概要」二〇一四年三月二日(https://warp.da.ndl.go.jp/info:ndljp/pid/11347003/www.mod.go.jp/j/press/kisha/2014/03/02.pdf) 二〇一九年十月十三日閲覧。
95 「大臣会見概要」二〇一三年十二月十七日(https://warp.da.ndl.go.jp/info:ndljp/pid/11347003/www.mod.go.jp/j/press/kisha/2013/12/17.pdf) 二〇一九年十月十二日閲覧。
96 前掲「平成26年度以降に係る防衛計画の大綱について」八頁。
97 北村滋『外事警察秘録』(文藝春秋、二〇二三年) 二四〇頁。
98 同右、二四二—二四三頁。
99 前掲『安倍晋三 回顧録』三八八—三九〇頁。
100 朝日新聞政治部取材班『安倍政権の裏の顔——「攻防 集団的自衛権」ドキュメント』(講談社、二〇一五年) 三九—四五頁。
101 神余隆博「理に生きた見事な外交官人生」柳井俊二、村瀬信也編『国際法の実践 小松一郎大使追悼』(信山社、二〇一五年) 六八八頁。
102 「「安全保障の法的基盤の再構築に関する懇談会」報告書」(https://warp.ndl.go.jp/info:ndljp/pid/8833367/

www.kantei.go.jp/jp/singi/anzenhosyou2/dai7/houkoku.pdf）一八－一九頁（二〇一九年十月二日閲覧）。

103 同右、二一－二二頁。

104 同右、三七頁。北岡伸一とのインタビュー（二〇二二年五月十日、東京）。

105 「平成26年5月15日　安倍内閣総理大臣記者会見」（https://warp.ndl.go.jp/info:ndljp/pid/8833367/www.kantei.go.jp/jp/96_abe/statement/2014/0515kaiken.html）二〇一九年十月二日閲覧。

106 同右。

107 前掲、北岡とのインタビュー。

108 前掲『20世紀の日本2　安全保障』三〇－三一頁。

109 「芦田修正」に関する直近の解説としては、以下が平易で分かりやすい。千々和泰明『戦後日本の安全保障――日米同盟、憲法9条からＮＳＣまで』（中公新書、二〇二二年）八五－八九頁。

110 前掲、兼原とのインタビュー。

111 同右。

112 「衆議院議員森清君提出憲法第九条の解釈に関する質問に対する答弁書　昭和六十年九月二十七日受領」（https://www.shugiin.go.jp/internet/itdb_shitsumona.nsf/html/shitsumon/b102047.htm）二〇一九年十月二日閲覧。

113 ケネス・盛・マッケルウェイン「憲法改正――なぜ実現できなかったのか」アジア・パシフィック・イニシアティブ『検証　安倍政権――保守とリアリズムの政治』（文春新書、二〇二二年）三五二－三五四頁。

114 同右、三五四－三五五頁。

115 「臨時閣議及び閣僚懇談会議事録　２０１４年７月１日」（https://warp.ndl.go.jp/info:ndljp/pid/8833367/www.kantei.go.jp/jp/kakugi/2014/_icsFiles/afieldfile/2014/07/22/260701rinjigijiroku.pdf）五－七頁（二〇一八年十二月七日閲覧）。

116 同右、四頁。

117 同右、五頁。

118 兼原信克、兼原敦子「正義感と法的信念」『国際法の実践　小松一郎大使追悼』七九一頁。

119 同右、七九二頁。

120 安倍晋三「お別れの言葉」『国際法の実践　小松一郎大使追悼』六六七頁。

121 『朝日新聞』二〇一四年三月十三日。

122 村瀬信也「共鳴と批判——小松一郎氏との交友三三年」『国際法の実践　小松一郎大使追悼』七三〇頁。

123 マイク・モチヅキ、遠藤誠治訳「米国の安全保障戦略とアジア太平洋地域へのリバランス」遠藤誠治編『シリーズ　日本の安全保障2　日米安保と自衛隊』（岩波書店、二〇一五年）一二七－一二八頁。"Remarks on Regional Architecture in Asia: Principles and Priorities," January 12, 2010（https://2009-2017.state.gov/secretary/20092013clinton/rm/2010/01/135090.htm）二〇二三年十一月五日閲覧。

124 アジア太平洋地域における「安全保障アーキテクチャ」については、神保謙「アジア太平洋の地域安全保障アーキテクチャと日米同盟」日本国際問題研究所『日米関係の今後の展開と日本の外交』（二〇一一年三月）一七七－一八七頁を参照。

125 "Remarks by the President in Address to the Nation on Syria," September 10, 2013（https://obamawhitehouse.archives.gov/the-press-office/2013/09/10/remarks-president-address-nation-syria）二〇二〇年六月二十五日閲覧。

126 "Remarks As Prepared for Delivery by National Security Advisor Susan E. Rice At Georgetown University, Gaston Hall Washington, D.C.," November 20, 2013（https://obamawhitehouse.archives.gov/the-press-office/2013/11/21/remarks-prepared-delivery-national-security-advisor-susan-e-rice）二〇二二年九月八日閲覧。

127 佐橋亮『米中対立——アメリカの戦略転換と分断される世界』（中公新書、二〇二一年）一〇九頁。

128 Keith Bradsher, "Philippines Challenges China Over Disputed Atoll," *The New York Times*, May 14, 2014.
129 「日米防衛相共同記者会見概要」(https://warp.da.ndl.go.jp/info:ndljp/pid/11347003/www.mod.go.jp/j/press/kisha/2014/04/06.pdf) 三頁(二〇一四年四月六日閲覧)。
130 「「日米首脳会談(概要)」 2014年4月24日」(https://www.mofa.go.jp/mofaj/na/na1/us/page3_000755.html) 二〇一九年十二月七日閲覧。
131 同右。"Joint Press Conference with President Obama and Prime Minister Abe of Japan," April 24, 2014 (https://obamawhitehouse.archives.gov/the-press-office/2014/04/24/joint-press-conference-president-obama-and-prime-minister-abe-japan) 二〇二三年三月二十五日閲覧。
132 前掲『安倍晋三 回顧録』一三二頁。
133 一九六〇年までの米政府の基本的姿勢については、坂元一哉『日米同盟の絆——安保条約と相互性の模索 増補版』(有斐閣、二〇二〇年)を見よ。
134 Sheila A. Smith, *Japan Rearmed: The Politics of Military Power* (Cambridge, MA and London: Harvard University Press, 2019) pp. 130, 230.
135 前掲、ジョンストンとの電話インタビュー。
136 U.S. Embassy & Consulates in Japan, "Statement on Prime Minister Abe's December 26 Visit to Yasukuni Shrine," December 26, 2013 (https://japan2.usembassy.gov/e/p/2013/tp-20131226-01.html) 二〇一九年十二月七日閲覧。
137 『朝日新聞』二〇一四年七月二日。
138 前掲『安倍晋三 回顧録』一六四頁。
139 「平成26年7月1日 安倍内閣総理大臣記者会見」(https://warp.ndl.go.jp/info:ndljp/pid/8833367/www.kantei.go.jp/jp/96_abe/statement/2014/0701kaiken.html) 二〇一九年十月三日閲覧。

140 前掲『安全保障を問いなおす』一七六頁。
141 安倍晋三『新しい国へ——美しい国へ　完全版』（文春新書、二〇一三年）一三五－一三七頁。
142 前掲、ジョンストンとの電話インタビュー。
143 「日米防衛協力のための指針の見直しに関する中間報告（2014.10.8）」（https://www.mod.go.jp/j/approach/anpo/alliguideline/houkoku_20141008.html）二〇一九年十月一日閲覧。
144 「日米安全保障協議委員会共同発表（2014.12.19）」（https://www.mod.go.jp/j/approach/anpo/alliguideline/js20141219j.html）二〇一九年十月一日閲覧。
145 『公明新聞』二〇一五年三月二十一日。
146 前掲、高見澤とのインタビュー。
147 「日米防衛協力のための指針（2015.4.27）」（https://www.mod.go.jp/j/approach/anpo/alliguideline/shishin_20150427j.html）二〇一八年十二月七日閲覧。以下、１５ガイドラインを引用した本文中の記述はいずれも本資料に基づく。
148 河野克俊とのインタビュー（二〇一九年十一月十一日、東京）。
149 高橋杉雄「北朝鮮核問題と拡大抑止」日本国際問題研究所『安全保障政策のリアリティ・チェック：新安保法制・ガイドラインと朝鮮半島・中東情勢』二八頁（https://www2.jiia.or.jp/pdf/research/H28_Security_Policy/02-takahashi.pdf）二〇一八年十二月七日閲覧。
150 朝雲新聞社出版業務部編、西原正監修『わかる平和安全法制——日本と世界の平和のために果たす自衛隊の役割』（朝雲新聞社、二〇一五年）八九頁。
151 同右、一六三頁。
152 「弾道ミサイル防衛システムの整備等について」二〇〇三年十二月十九日（https://www.kantei.go.jp/jp/singi/anzenhosyoukaigi/Missile.pdf）二〇一八年十二月七日閲覧。

153 『朝日新聞』二〇一六年一月二十四日。

154 『日本の防衛――防衛白書 平成26年版』一九一頁。

155 前掲、河野とのインタビュー。

156 Joint Press Conference with Secretary Carter, Secretary Kerry, Foreign Minister Kishida and Defense Minister Nakatani in New York, New York, April 27, 2015（https://www.defense.gov/News/Transcripts/Transcript/Article/607045/joint-press-conference-with-secretary-carter-secretary-kerry-foreign-minister-k/）二〇一八年十二月七日閲覧。

157 神保謙「外交・安全保障――戦略性の追求」前掲『検証 安倍政権』一六〇頁。

158 西原正「論考 平和安全法制の意義と課題」前掲『わかる平和安全法制』六九頁。

159 James L. Schoff, *Uncommon Alliance for the Common Good: The United States and Japan After the Cold War* (Washington, D.C.: Carnegie Endowment for International Peace Publications Department, 2017) p. 136.

160 長谷部恭男編『検証・安保法案――どこが憲法違反か』（有斐閣、二〇一五年）二頁。

161 自衛隊法（昭和二十九年法律第百六十五号）第七十六条第一項第二号、第八十八条。

162 重要影響事態に際して我が国の平和及び安全を確保するための措置に関する法律（平成十一年法律第六十号）別表第一。

163 沓脱和人「自衛隊の対処事態と国会承認」『立法と調査』四六一号（二〇一三年十一月）四三―四四頁、四七―四八頁。

164 政府は二〇一四年五月二十七日、自民党と公明党による「安全保障法制整備に関する与党協議会」に、既存の憲法解釈・法制度では対処に支障があるとする一五事例をまとめた「事例集」を提示した（中内康夫「集団的自衛権の行使容認と安全保障法制整備の基本方針――閣議決定を受けての国会論戦の概要」『立法と調査』三五六号（二〇一四年九月）二六頁）。うち八つが集団的自衛権の限定行使に当たる事例だった。

165 「第百八十九回国会　衆議院　我が国及び国際社会の平和安全法制に関する特別委員会議録第四号」二〇一五年五月二十八日、二一頁。
166 「第百八十九回国会　参議院　我が国及び国際社会の平和安全法制に関する特別委員会会議録第三号」二〇一五年七月二十八日、三四頁。
167 「第百八十九回国会　衆議院　我が国及び国際社会の平和安全法制に関する特別委員会議録第十四号」二〇一五年六月二十六日、九頁）。Schoff, *Uncommon Alliance for the Common Good: The United States and Japan After the Cold War*, p.135 も参照。
168 前掲、元防衛省当局者とのインタビュー。
169 Schoff, *Uncommon Alliance for the Common Good: The United States and Japan After the Cold War*, p. 135.
170 前掲「論考　平和安全法制の意義と課題」七一頁。
171 『防衛白書——日本の防衛　令和元年版』（http://www.clearing.mod.go.jp/hakusho_data/2019/html/n21203000.html）二〇二頁（二〇二〇年六月十九日閲覧）。
172 等雄一郎「専守防衛論議の現段階——憲法第9条、日米同盟、そして国際安全保障の間に揺れる原則」『レファレンス』No. 664（二〇〇六年五月）三五頁。
173 『日本の防衛——防衛白書　平成30年版』二一二—二一四頁。
174 前掲、元防衛省当局者とのインタビュー。
175 同右。
176 前掲、兼原とのインタビュー。
177 「日米外相会談（概要）」二〇一〇年九月二十三日（https://www.mofa.go.jp/mofaj/area/usa/visit/1009_gk.html）二〇一九年十二月七日閲覧。
178 "Press Conference with Secretary Hagel and Defense Minister Onodera from the Pentagon," April 29, 2013

(https://content.govdelivery.com/accounts/USDOD/bulletins/78e2bb) 二〇二三年三月二十六日閲覧。

179 "Joint Press Conference with President Obama and Prime Minister Abe of Japan," April 24, 2014. (https://obamawhitehouse.archives.gov/the-press-office/2014/04/24/joint-press-conference-president-obama-and-prime-minister-abe-japan) 二〇二三年三月二十六日閲覧。

180 "U.S. Secretary of Defense Chuck Hagel gives remarks at 2014 Shangri La Dialogue in Singapore," May 31, 2014 (https://www.dvidshub.net/video/340353/us-secretary-defense-chuck-hagel-gives-remarks-2014-shangri-la-dialogue-singapore) 二〇二三年三月二十六日閲覧。

181 Bill Gertz, "Chinese Military Using Jamming Against U.S. Drones," *The Washington Free Beacon*, May 22, 2015 (https://freebeacon.com/national-security/chinese-military-using-jamming-against-u-s-drones/) 二〇二一年十月二十一日閲覧。

182 "Document: SECDEF Carter Letter to McCain on South China Sea Freedom of Navigation Operation," *USNI News*, January 5, 2016 (https://news.usni.org/2016/01/05/document-secdef-carter-letter-to-mccain-on-south-china-sea-freedom-of-navigation-operation) 二〇二〇年六月九日閲覧。

183 Austin Wright, Bryan Bender and Philip Ewing, "Obama team, military at odds over South China Sea," *Politico*, July 31, 2015 (https://www.politico.com/story/2015/07/barack-obama-administration-navy-pentagon-odds-south-china-sea-120865) 二〇二〇年六月九日閲覧。

184 同右、五四－六二頁。

185 同右、六一頁。前掲、河野とのインタビュー。

186 前掲、河野とのインタビュー。

187 森聡「アメリカのアジア戦略と中国」世界平和研究所編『希望の日米同盟――アジア太平洋の海洋安全保障』(中央公論新社、二〇一六年)四四－四七頁。

第四章　21世紀の「自主防衛」

沖縄東方沖のフィリピン海上で、米軍の強襲揚陸艦「ワスプ」に着艦するステルス戦闘機Ｆ35Ｂ（2018年３月23日、筆者撮影）

1　接近する日米

深化するガイドライン路線

沖縄県宜野湾市の米軍普天間飛行場を出発した米海兵隊の垂直離着陸輸送機MV22オスプレイが三〇分ほど飛行すると、キャビン内の記者たちは、わずかに体が浮くような感覚を覚えた。オスプレイが降下を始めたためだったが、小さな窓が数個あるだけの機内は薄暗いままで、しかもその窓を背にする形で壁面に沿った簡易座席に座っていた記者たちには、外の様子は分からない。そのうち、振動とともにドスンという音がキャビンに響き、オスプレイは、米海軍の強襲揚陸艦「ワスプ」に着艦した。

二〇一八（平成三十）年三月二十三日、米軍はステルス戦闘機F35Bの艦船での本格運用を報道機関に公開しようと、沖縄東方沖のフィリピン海上を航行していた「ワスプ」に、日本人記者団を招いた。

「ワスプ」甲板上の鈍色のF35Bは、轟音を上げながら一〇〇メートル強の滑走で離陸し、瞬く間に青い空に溶け込んでいく。着艦の際は、船体脇でいったんホバリングし、空中を器用に並行移動して三〇秒ほどで甲板に降り立った。

空軍用のA型、海兵隊用のB型、海軍用のC型の三種類があるF35は、米国が各国を巻き込み一五年以上の歳月と巨費を投じて開発した第五世代の多用途戦闘機だ。レーダーに探知されにくいステルス性はもちろん、高い空戦性能と対地攻撃能力、電子戦装備を誇り、各部センサーで目標を発見し友軍部隊とデータを共有する「目」の役割も期待されている。

一方、「ワスプ」は満艦排水量四万一〇〇〇トン強、全長約二六〇メートル。全通飛行甲板を備え、約一七〇〇人の海兵隊員を輸送できる。船尾のウェルドック（デッキ状の格納庫）は、砂浜でも上陸可能なホバークラフト型の揚陸艇「LCAC」三隻を収容する能力を持つ。[1]

一見すると空母のような形状をしているが、その任務は空母とは異なり、海兵隊の上陸作戦の洋上拠点として機能することにある。そして、同型艦と異なる「ワスプ」の最大の特徴は、上陸支援および艦隊防空用の航空戦力としてF35Bを最大二〇機搭載できるように改修された、米軍初の艦艇だという点だった。[2][3]「ワスプ」を中核とする戦闘部隊「第七遠征打撃群」のブラッド・クーパー司令官は、F35Bの運用について「歴史的だ。われわれが生涯で目にできる中で最も著しい戦闘能力の飛躍だ」と記者団に強調してみせた。[4]

F35Bの発着艦がいち早く日本の報道陣に公開されたのは、偶然ではない。米軍はF35B運用部隊の初の国外展開先として、日本を選択した。[5]記者団が目撃したF35Bは、二〇一七年一月に岩国基地（山口県岩国市）への常駐を開始した第一二一戦闘攻撃中隊の所属機だった。[6]F35Bの艦船での実運用は当時、世界でも日本近海以外では見ることはできなかったのである。

第４章関連年表

年	月	事　項
２０１４	12	米軍ＴＰＹ－２レーダー、経ヶ岬に配備完了
２０１５	1	「宇宙基本計画」宇宙開発戦略本部決定
２０１６	11	安倍首相、大統領就任前のトランプ氏と会談（ニューヨーク）
	12	弾道ミサイル防衛用能力向上型迎撃ミサイル（ＳＡ－３ブロックⅡＡ）、共同生産配備段階への移行（国家安全保障会議決定）
２０１７	2	日米首脳会談（ワシントン）。北朝鮮、弾道ミサイル一発発射、フロリダ滞在中の日米首脳が非難
	5	海自護衛艦が初の米艦防護
	11	米空母三個打撃群が西太平洋で合同軍事演習
	12	米「国家安全保障戦略」発表
２０１８	1	空自三沢基地に初のF35A配備
	4	日米首脳会談（フロリダ）。南北首脳会談、「板門店宣言」合意
	5	トランプ米大統領、イラン核合意からの離脱発表
	6	米朝首脳会談（シンガポール）
	10	米空軍オスプレイ、横田基地（東京都福生市など）に正式配備。ペンス米副大統領が対中演説。陸軍第三八防空砲兵旅団司令部が発足（相模総合補給廠）
	11	米中間選挙
	12	３０大綱、閣議決定
２０１９	2	米国がＩＮＦ条約からの脱退通告。第二回米朝首脳会談（ハノイ）
	6	米国防省がインド太平洋戦略報告書（ＩＰＳＲ）発表。米朝首脳が板門店で面会
	11	米国で香港人権民主主義法が成立
２０２０	3	護衛艦「まや」就役
	5	米議会、ウイグル人権政策法案を可決（６月成立）
	6	第四次「宇宙基本計画」閣議決定

この事実自体、米軍が軍備増強に邁進する中国と核・ミサイル開発をやめない北朝鮮という不安定要因を抱えたアジア太平洋地域の情勢を懸念し、地域の同盟国である日本を最重視していることを示していた。

アジア太平洋地域へのリバランス戦略を進めたオバマ政権は二〇一二年、太平洋地域の海軍戦力を二〇年までに全体の五割から六割に引き上げると表明し[7]、一二年からオーストラリアへの海兵隊部隊の巡回駐留を開始した[8]。また、米海軍は一三年以降、水深の浅い水域でも高速航行できる沿海域戦闘艦を、シンガポールに巡回形式で派遣している[9]。

日本への米軍装備・部隊の新規配備・展開も続いた。普天間飛行場および横田《よこた》基地（東京都福生《ふっさ》市など）へのオスプレイ配備決定[10]、京都府京丹後《きょうたんご》市への早期警戒レーダー「AN/TPY－2」配備[11]、横須賀海軍施設（神奈川県横須賀市）へのイージス艦追加配備[12]などだ。

二〇一七年に「米国第一」を掲げるドナルド・トランプ政権が発足して以降も、米軍のアジア・日本重視の流れは変わらなかった。「米国が攻撃を受けても日本には助ける必要が全くない。彼らは攻撃をソニーのテレビで見ていられる」と不平を鳴らしたトランプ大統領が[13]、米国の日本防衛義務を定めた日米安保条約を「不公平な合意」だと捉えていたことは事実であろう[14]。トランプは側近との私的な会話の中で、条約の破棄にまで言及したと報じられた[15]。同盟各国への防衛負担の増額・増強要求、環太平洋パートナーシップ協定（TPP）からの離脱表明、強硬路線から対話へと振り子のように揺れた対北朝鮮政策など、トランプはそれまでの米大統領と比べ、段違いに予測不能だった。

だが一方で、二〇一五年に再改定された「日米防衛協力のための指針」（15ガイドライン）に沿って日米防衛協力を推進・強化しようという日米両政府の方針は、ぶれなかった。その象徴が、15ガイドラインに平時における「アセット（装備品等）の防護」として盛り込まれ、「平和安全法制」によって可能になった「武器等防護」の実施であろう。

自衛隊が平和安全法制の施行後に初めて武器等防護任務を行ったのは、二〇一七年五月のことだ。海上自衛隊最大級の護衛艦「いずも」が同月一日、横須賀基地を出港し、房総半島沖で米海軍の武器弾薬補給艦「リチャード・E・バード」と合流した。同三日には、四国沖で護衛艦「さざなみ」も加わり、海自艦二隻による米補給艦の護衛は同日、終了した。[16] 米海軍と海自には、弾道ミサイル発射を繰り返していた北朝鮮に日米の連携を誇示する狙いがあった。

海自は平和安全法制の施行のはるか前、二〇〇一年の米同時テロ直後も、防衛庁設置法（当時）の「調査・研究」に基づき、横須賀海軍施設を出港する米空母「キティホーク」に護衛艦を随伴させ、事実上の護衛を行ったことがある。[17] ただ、米艦の護衛を調査・研究と位置付けるのはいかにも無理があり、定着しなかった。当時防衛庁長官だった中谷元は、日本国内の法整備が不十分であったために、調査・研究だと説明せざるを得なかったことは、「苦い経験」だったと振り返っている。[18]

調査・研究に基づく事実上の護衛が例外的措置であったのに対し、平和安全法制による武器等防護は、二〇一六年三月の同法施行から二二年末までの約六年九ヵ月間で、米軍・オーストラリア軍艦艇と米軍航空機を対象に計一一〇回も行われた。[19] 自衛隊にとって武器等防護はもはや、日常的なオペレーションと言ってよい。

表４－１　武器等防護任務の件数の推移（2016～22年）

	艦艇	航空機	計
2016年	0	0	0
2017年	1	1	2
2018年	6	10	16
2019年	5	9	14
2020年	4	21	25
2021年	15	7	22
2022年	26	5	31
計	57	53	110

防衛省公表資料より筆者作成

自衛隊がこのオペレーションで可能なのは、正当防衛と、既に迫っている危険を避けるための緊急避難に限った武器使用であり、集団的自衛権に基づく武力行使ではない。戦闘行為が行われていない場所における、警察比例の原則（相手方より強力な武器は使用しない）に基づく警護活動という位置付けだ。[20]

それでも当たり前に米軍を守る措置を取れるようになったことは、一つの転換だった。平和安全法制を整備した安倍晋三首相が「日本近海で日本のために警備に当たっている米艦の防護を日本ができるのにしなくて、その米艦が撃沈され多くの若い米兵が死んだら、その瞬間に日米同盟のきずなは決定的な打撃を被る」と実現を訴えていた米艦防護の日常化は、[21]運用面の日米協力の深化を強く印象付ける。

このほか、15ガイドラインに明記された日米協力の中で、オバマ政権二期目（二〇一三年一月～一七年一月）からトランプ政権期（一七年一月～二一年一月）にかけて進展が見られた分野として、ミサイル防衛が挙げられる。前述のように、米軍は15ガイドライン策定に先立つ一四年十二月、京丹後市の経《きょう》ケ《が》岬《みさき》通信所に「Xバンド」と呼ばれる周波数帯を使ったミサイル防衛用の早期警戒レーダー「AN／TPY－2」を配備した。Xバンドレーダーの配備は青森県つがる市の米陸軍車《しゃ》力通信所に続き二ヵ所目だった。

同レーダーの探知距離は通常一〇〇〇キロに及び[22]、得られた情報は日米で共有される[23]。米軍と自衛隊は、従来の海自・米軍のイージス艦搭載レーダーや、自衛隊が各地に配備しているFPSレーダーと組み合わせ、北朝鮮の動きをより継続的に監視できるようになった上、発射されたミサイルの探知範囲も拡大した。ミサイルの探知・追跡能力の向上は、北朝鮮が抜き打ち的に発射可能な潜水艦発射弾道ミサイル（SLBM）を含む多様なミサイル開発を進めている状況に鑑みて、極めて重要だった。

米軍はさらに二〇一八年十月、相模《さがみ》総合補給廠（神奈川県相模原市《さがみはら》）に、陸軍第三八防空砲兵旅団司令部を発足させた[24]。同司令部は、車力と経ヶ岬のXバンドレーダー、米軍嘉手納《かでな》基地（沖縄県嘉手納町など）の地対空誘導弾パトリオット「PAC3」、米領グアム配備の地上配備型迎撃システム「高高度防衛ミサイル（THAAD）」の四つの部隊を指揮下に収め[25]、米軍や自衛隊の陸上部隊をミサイルから守る役目を担う。米軍による中国近海での作戦遂行や西太平洋への米軍部隊の展開を、巡航・弾道ミサイル戦力を軸に阻止する、中国の「接近阻止・領域拒否（A2／AD）」戦略に対応した措置とされる[26]。

自衛隊と米軍の相互運用性の強化も一段と進んだ。高い対潜戦能力を誇り、以前から米海軍との相互補完性が高かった海上自衛隊に関しては、共同交戦能力（CEC）を付与されたイージス護衛艦「まや」が二〇二〇年三月に就役した[27]。「まや」はまた、イージス艦搭載の迎撃ミサイル「SM3ブロック1A」の迎撃可能高度や防護範囲を拡張した「SM3ブロック2A」を装備できる。

ＣＥＣとは、敵のミサイルや航空機の位置情報を、米軍を含む味方の艦艇・航空機とリアルタイムで共有できる能力だ。弾道ミサイルに加え、巡航ミサイルや無人機に対応した防空構想として米軍が実現を目指す「統合防空ミサイル防衛（ＩＡＭＤ）」の主要要素であり、[28]自衛隊もＩＡＭＤを「総合ミサイル防空」の名称で推し進めようとしている。[29]「ブロック２Ａ」は日米共同開発のミサイルで、防衛技術開発面での日米連携の象徴と言える。

陸上自衛隊では、米国製の水陸両用車ＡＡＶ７を装備した水陸機動団の発足と米海兵隊との共同訓練、[30]オスプレイ導入[31]といった動きがあった。航空自衛隊関連で特筆すべきなのは、政府が二〇一八年十二月に閣議了解した、Ｆ35の大規模追加調達であろう。[32]一一年に決めていたＡ型四二機に加え、新たに同型六三機と、後述する「いずも」型護衛艦での運用をにらみＢ型四二機を米国から購入するとしたこの決定により、自衛隊のＦ35の調達機数は計一四七機に膨らむことになった。

Ｆ35の大量調達は、「バイ・アメリカン（米国製品を買え）」のスローガンを打ち出し、米国製の装備品売却に熱心なトランプ政権の姿勢に呼応した「爆買い」と批判された。[33]ただ、日本側には、空自保有のＦ15戦闘機約二〇〇機のうち、退役予定の約一〇〇機の後継を手当てしなければならないという事情もあった。索敵と友軍部隊との情報共有など、統合作戦で戦闘にとどまらない幅広い役割を果たすと期待されるＦ35の大量調達は、米軍との相互運用性の向上という面で、大きな展開だった。

対中国で一致

このように、日米はトランプ政権期、同盟深化のための政策を着実に履行していったが、オバマ政権期の15ガイドライン策定に匹敵するような政策枠組み構築の動きは、浮上しなかった。防衛協力をめぐっては、政策履行以上のイニシアティブは見られなかったのである。

この理由としては、少なくとも二つの要素を挙げることができる。

一つは、トランプの個性だ。トランプは一貫した戦略に基づいて外交・安全保障政策を遂行していく意思を欠いていた。二〇一八年四月から一九年九月まで国家安全保障担当の大統領補佐官を務めたジョン・ボルトンは回顧録の冒頭で、「私は、トランプ政権の変容について包括的な理論を示すことはできない。なぜなら、いかなる理論をもってしても、そんなことは不可能だからだ」と記した上で[34]、次のようにつづった。

トランプは自らの直感と、外国首脳との個人的な人間関係、そして何よりテレビ向けに築き上げたショーマンシップだけに頼って、行政府を運営したり国家の安全保障政策を策定したりできると信じていた[35]。

ボルトンが約一年半でトランプと袂《たもと》を分かった経緯を考慮すれば、上記の批判も割り引いて受け止める必要はあるが、トランプの政権運営が終始混乱に満ちていたことは疑いない。対日関係について言えば、トランプは対日貿易赤字の縮小を最重視し、日米同盟強化といった安全保障上の課題にはほとんど関心を示さなかった。

こうした状況下で、政治的意思に支えられた行政府間の緊密な協議を要する体系的枠組みを日米がまとめることは、困難であっただろう。トランプ政権期を通じ、防衛協力を含む日米関係の運営・管理は、「ケミストリー（相性）も合った」[36]という安倍とトランプの首脳同士の手に委ねられた。その安倍も「トランプは、外交の理念や構想というものに、関心が薄かったかもしれません」と感じており[37]、回顧録ではトランプのことを、日本を守るための「用心棒役」と評するなど[38]、割り切った見方も示している。

第二に、日本にとって安保上の最大の懸念となっていた中国の軍事動向に関し、日米間に認識の齟齬がほぼなくなったことで、大がかりな政策調整の必要が薄れた。

第三章で明らかにしたように、15ガイドライン策定の一つのきっかけは、二〇一〇年に沖縄県・尖閣諸島沖で起きた中国漁船の衝突事件を経て、日本が中国の軍事力への危機感を強めたことにあった。他方、米国の中国観も、オバマ政権二期目の15ガイドライン策定前後から悪化し始め、トランプ政権期には、それまでの「関与」を中心とした対中政策は失敗だったという厳しい認識が、政府関係者や専門家の間で定着するに至った。

米国の一連の変化を追ってみよう。オバマ政権は二〇一四年五月十九日、米大手企業からサイバー技術を使って商業機密を盗んだとして、上海を拠点とする中国人民解放軍のサイバー部隊「61398部隊」の将校五人を産業スパイ罪などで起訴したと発表した[39]。ハッキングで外国当局者を訴追したのは、初めてのことだった[40]。

この時点ではオバマ政権は、サイバー技術を使った組織的な知的財産窃取《せっしゅ》という経済・貿易上の問題に、司法的対応を取るにとどまっていた。経済に加え、軍事面での米中対立の構図が明確になったのは、１５ガイドラインの策定から半年後の二〇一五年十月に、南シナ海・南沙（英語名・スプラトリー）諸島で米軍が「航行の自由作戦」を実施して以降のことだ。

オバマ政権最後の国防長官だったアシュトン・カーターは退任後に出版した著書で、とりわけ人民解放軍の指導部の間で「アジアを再び支配することこそかつて中華帝国（Middle Kingdom）だった国の運命だ」と考える傾向が強まっていたと中国の不遜ぶりを指摘し[41]、自身はオバマの意向に反し在任中に中国を訪問しなかった政権唯一の国防長官だったと強調した[42]。

米軍・国防総省の中国への警戒は、オバマ政権の二期目を通じて高まり続け、二〇一七年一月にトランプ政権が発足すると、ホワイトハウスを含め米政府全体が安保面で中国に厳しい姿勢を示すようになった。トランプ政権が同年十二月に発表した、政府内で最上位の外交・安保戦略文書「国家安全保障戦略」は、中国について、「戦略的競争相手」であり[43]、インド太平洋地域[44]で米国に取って代わろうと目論む「修正主義国家」だと断じた[45]。

国家安保戦略はまた、中国を含む競争相手が軍備近代化を進める中で、米国の軍事的優位は「縮小しつつある」という危機感をあらわにした[46]。さらに、中国の台頭と国際秩序への統合を支援することがその自由化につながるという「希望」とは裏腹に、中国は権威主義制度の拡散や核戦力を含む軍拡を通じ、他国の主権を犠牲にする形で力を伸長させてきたと批判したのである[47]。続いて、二〇一八年一月公表の「国家防衛戦略の概要」も、中国は短期的には地域の覇権を、将来的には米国に代わる世界的に卓越した地位の獲得を目指していると論じた[48]。

内外に最も衝撃を与えたのが、マイク・ペンス副大統領が二〇一八年十月四日、ワシントンに数多くあるシンクタンクの中でも保守色が濃いハドソン研究所で行った、対中政策をテーマにした演説だろう。


中国政府は米国における自国の影響力と利益を高めるため、政治的・経済的・軍事的道具やプロパガンダを駆使した政府全体の取り組みに従事している。

〔中略〕ソ連崩壊後、われわれは自由な中国は必然だと見なした。楽観主義に酔い、米国は二十一世紀への変わり目に、わが国経済への自由なアクセスを中国政府に与えることに同意し、中国を世界貿易機関（WTO）に参加させた。

これまでの政権は、中国における自由が、古典的な自由主義の原理、私有財産、宗教の自由、全ての人権といったものを尊重する新たな思いとともに、経済面にとどまらず政治面でも、あらゆる形態で拡大するよう望み、こうした選択をした。しかし、そうした希望は満たされなかった。[49]

ペンスは約四〇分に及んだ演説の半分以上を中国批判に費やした。不公正な貿易慣行や為替操作、技術の強制移転、知的財産の窃取といった「経済的侵略」をあげつらい、尖閣諸島周辺での中国船の活動や南シナ海の軍事拠点化を批判し、中国による途上国援助をめぐっても、被援助国を借金漬けにして都合よく利用する「債務のわな」だと断じた。そして、「中国は米国の民主主義に干渉している」として、とりわけ米国内でのプロパガンダ活動を非難した。

二〇一八年十一月の米中間選挙の直前というタイミングでの演説には、米国内の有権者に向けたメッセージという意味合いが濃厚だったことは確かだが、その激しいトーンは聴衆を驚かせた。

一部の識者はペンス演説を、ソ連に対する封じ込め政策始動の号砲を鳴らした一九四七年三月の「トルーマン演説」になぞらえ、[50]『ニューヨーク・タイムズ』は、中国側の受け止め方を解説する記事に「「新たな冷戦」の前触れ」との見出しを掲げた。[51]米政府が冷戦に乗り出そうとしているという中国指導部の懸念を否定する余地はほとんどなくなり、「中国政府が世界の諸問題をめぐって米国と並ぶ「責任ある利害共有者」になるために、米政府が手を差し伸べる時代が終わったことが、完全に明らかになった」と読み解いたのである。[52]

トランプ政権が打ち出した対中戦略は、傑出した米国の軍事力を同盟各国の力と統合することで強い立場を築き、その上で中国と「協調できる分野を模索」するというもので、[53]必ずしも全面的な封じ込めを意味していない。ただそれは、力を背景に、中国に譲歩と既存秩序の容認を強いるという対決色の濃い内容だった。

行政府だけでなく、米議会も中国に厳しい視線を向けるようになった。議会では二〇一九年十一月、香港で続いていた反政府デモを支持する「香港人権民主主義法」が、[54]二〇二〇年五月には、新疆《しんきょう》ウイグル自治区での中国政府による少数民族弾圧を非難する「ウイグル人権政策法」が、[55]いずれも超党派のほぼ全会一致で可決された。[56]反中感情は、共和、民主という党派を超えて共有されていた。

当然、こうした米国の対中認識の変化は、アジア太平洋地域の同盟各国の安保環境に関する認識にも影響を与える。日本にとっては、米中間の緊張激化は安保環境の全体的改善にはつながらないものの、中国の拡張主義に対抗する上で、米国と協調できる余地は格段に広がった。

日本政府が二〇一八（平成三十）年十二月に閣議決定した「防衛計画の大綱」（３０大綱）は、「米国は〔中略〕あらゆる分野における国家間の競争が顕在化する中で、世界的・地域的な秩序の修正を試みる中国やロシアとの戦略的競争が特に重要な課題であるとの認識を示している」と紹介した上で[57]、中国の動向に対する日本政府の見解を記すという構成を取っている。その見解は「中国は、既存の国際秩序とは相容れない独自の主張に基づき、力を背景とした一方的な現状変更を試み」ているというもので[58]、トランプ政権の見方とほぼ一致していた。

米中間では、貿易問題で一定の前進が見られたこともあった。日中間でも、安倍が二〇一七年六月に中国の巨大経済圏構想「一帯一路」への協力を表明した前後から[59]、融和ムードも見られるようになった。

しかし、トランプ政権の対中強硬姿勢はほぼ一貫して維持され、安倍も安保面で中国への警戒を解くことはなかった。安倍本人は、次のように対中政策を総括している。


まず、日本にとって21世紀最大の外交・安全保障上の課題は、台頭する中国とどう向き合うかでしょう。中国の軍事的台頭は、防衛白書では「懸念」と言い続けていますが、それは正直、「脅威」と言わざるを得なくなっています。だから私は、防衛力を強化し、日米同盟を深化させ、多国間の防衛協力を進めたのです。

〔中略〕一方で、脅威に対抗していくだけでは、政治の責任は果たせません。〔中略〕安全保障上の課題をマネージしながら、経済面では中国の市場的価値を日本のチャンスに変えていくことが、政治の技術です。[60]

中国は安保上の脅威だという米国の認識の変化に安堵した日本側の本音は、二〇二〇年四月、日本政府当局者だという匿名の筆者が米論壇誌『アメリカン・インタレスト』に寄せた「対決的な中国戦略の長所」と題する論文に表れている。

日本の政策に関与する層に、オバマ政権が恋しいかと尋ねたなら、多くの人は否定的反応を示すだろう。

〔中略〕オバマ政権は、その周辺のリベラルな知識人たちが唱えていたこと――中国のいわゆる「核心的利益」を尊重するとともに、地球規模の課題での協力に焦点を合わせる――をまさに実行していた。全ては、既存の国際秩序を支えるという米国の負担を共有するよりリベラルな主体に、中国を成形しようと願ってのことだ。オバマ政権はその最後の日まで、中国は「成形可能」だと信じていた。

〔中略〕われわれは、可能ならトランプ前の世界に戻りたいのだろうか？　東京の政策決定者の多くにとって、答えは恐らくノーだ。〔中略〕明け透けに言えば、中国にはっきりと焦点を合わせた同盟のほうが、曖昧で散漫な、またはもっと悪いことに、最も大きな難題に立ち向かうことを恐れる同盟より良い。[61]

日本は二〇一二～一三年当時、中国の脅威と、これを軽視するかのようなオバマ政権の態度に懸念を深め、ガイドライン再改定に乗り出した。トランプ政権発足以降、米国が中国に対する強硬姿勢を鮮明にするようになったことで、オバマ政権一期目で顕著だった対中脅威認識をめぐる相違は見られなくなり、日本の不安はほぼ解消されたのである。

2 トランプと自助

30大綱が強調したもの

トランプ政権期に対中脅威認識でほぼ一致した日米は共同防衛体制を強化し、自衛隊は米軍との一体運用の方向に歩みを進めた。前述のように、この時期には日米間で大掛かりな政策協議は行われなかったが、日本側に限って見れば、同盟深化に加えて重要な動きが浮上した。自助による防衛力強化である。

この潮流を象徴するのが、安倍政権が二〇一八年十二月に閣議決定した30大綱だ。25大綱の後継となった30大綱は冒頭で、日本が「自らの主体的・自主的な努力」によって自国を守る責任を果たしていくことこそが「我が国の安全保障の根幹である」とうたい[62]、全体で「自主的」という言葉を五回、「主体的」という表現を八回も使った。一三年策定の25大綱にも、「安全保障政策ににおいて、根幹となるのは自らが行う努力」というくだりはあるものの、[63] 30大綱ほど自主性を前面に押し出していない。この点に関し、30大綱決定の翌年刊行の『防衛白書』は、以下のように説明した。

これまでの防衛計画の大綱も安全保障政策において根幹となるのは自らが行う努力であるとの認識に基づいて策定されてきたが、新防衛大綱〔30大綱〕においては、これをしっかりと明文化する趣旨で記述したところである。[64]

30大綱は同時に、日米同盟について、日本の安全保障の基軸であり続けるとの認識を改めて示し、「我が国が独立国家としての第一義的責任を果たしていくことこそが、日米同盟の下での我が国の役割を十全に果たし、その抑止力と対処力を一層強化していく道」だと指摘した。[65] 自主・主体性の強調には、同盟国に公平な防衛負担を求めたトランプ政権に配慮し、日本に期待される役割を「十全に果た」す意思を明確にする狙いがあったのだろう。[66]

もっとも、トランプ政権に対する日本の懸念は、同盟維持の側面にとどまらなかったように思われる。25大綱は、「米国は〔中略〕世界の平和と安定のための役割を引き続き果たしていくと考えられる」との認識を示したのに対し、30大綱にこうした記述はない。[67] 主体的・自主的な努力の重視は、トランプの米国が国際秩序を維持するリーダーとしての責任に関心を払わなくなるかもしれないという危機感と表裏一体だったのである。

つまり、トランプ政権の動向が予測不能であることから、日本はそれまで以上に、主体的に自国防衛に取り組むことを求められた。自主防衛がなければ日米安保体制もないとして、二つの路線が併存した一九六〇年代末から七〇年代と似通った議論が、トランプの登場とともに、自助こそが同盟を救うという論理で復活したと言えよう。

安倍政権は、３０大綱や、合わせて閣議決定した中期防衛力整備計画（中期防）に盛り込んだ施策のうち、自主的取り組みに該当する内容として、「多次元統合防衛力」構築に向けた宇宙・サイバー・電磁波といった新領域での優位性の獲得や、日本主導の次期戦闘機開発を挙げた。[68] さらにこれらに加え、後述するように専守防衛との整合性を問われて大きな注目を集めた二つの施策も、自主防衛のイメージで捉えることができる。Ｆ35Ｂの運用を可能にする「いずも」型護衛艦の改修[69]、敵の攻撃圏外からの攻撃を可能にする「スタンド・オフ防衛能力」の獲得・研究である。[70]

護衛艦の「事実上の空母化」と呼ばれた「いずも」の改修は[71]、飛行場の少ない太平洋側の防空態勢の強化を狙いとしている。[72] 空母化された「いずも」には、日本の軍事プレゼンスの象徴として西太平洋を遊弋《ゆうよく》し、既存秩序の擾乱《じょうらん》を危惧する東南アジア諸国に一定の安心を与える役割も期待された。[73]

スタンド・オフ防衛能力としては、３０大綱と中期防は、Ｆ35Ａに搭載するノルウェー製の対艦・対地用「ＪＳＭ」（射程約５００キロ）、近代化改修後のＦ15戦闘機に搭載する米国製の対地用「ＪＡＳＳＭ」（射程約９００キロ）、対艦用「ＬＲＡＳＭ」（同）[74] という三種類の長距離巡航ミサイルの導入を打ち出した[75]（ＬＲＡＳＭは搭載に伴う改修費が高額になると判明したため、二〇二一年に導入断念)。また、島嶼防衛用として、高速滑空弾・極超音速誘導弾などの研究開発に着手する方針を表明した。[76]

横須賀基地に入港した海上護衛艦「いずも」(2016年12月、写真提供：EPA＝時事)

「いずも」空母化と長射程ミサイル

しかし、「いずも」改修とスタンド・オフ防衛能力の獲得は、専守防衛の原則などとの関係で厳しい批判を浴びた。まず、対地攻撃能力を備えたF35Bを搭載、運用できるように護衛艦を改修することは、専守防衛の原則の下、「攻撃型空母」をはじめとする「攻撃的兵器」の保有は認められないとしてきた従来の政府見解から逸脱するという非難がわき起こった。[77]

専守防衛は、第三章で指摘したように、「憲法の精神に則った受動的な防衛戦略の姿勢」だ。[78] 憲法と不可分である以上、憲法改正なしに大幅に変更することは難しい。安倍政権は改修後の「いずも」について、戦闘機を常に搭載するわけではなく、医療・指揮・輸送など各機能を備えた多用途の護衛艦で、攻撃型空母には当たらない、従って憲法や専守防衛にも反しないと主張した。[79]

スタンド・オフ防衛能力をめぐっては、日本近海から発射しても北朝鮮や中国に届くため、「敵基地攻撃」に使用できる装備であり、「慎重に議論する必要がある」という声が野党から上がった。[80]これに対し政府は、スタンド・オフ防衛能力は、北朝鮮から発射される弾道ミサイル防衛任務に就くイージス艦の防護や、島嶼部への侵攻を試みる艦艇・上陸部隊に対処するためのもので、敵基地攻撃を目的にはしていないと説明した。[81]

結局、30大綱策定当時の安倍政権は、「いずも」改修とスタンド・オフ防衛能力について、敵基地攻撃とは無関係な、自衛隊独自の能力強化の一環だと訴えるにとどめたのである。結果として政府は、大きな政策変更に踏み出すことなく、現行の憲法と専守防衛の枠内で自助努力を尽くす立場を強調することになった。当然、米軍が打撃作戦を、自衛隊が防勢作戦を担うとした「矛と盾」の関係も変わらなかった。

だが、この時の野党側の問い――自国領域外で打撃作戦を行う軍事能力を保持することにつながるのではないかという問題提起は、核心を突いていたと言えよう。

敵基地攻撃に関しては、政府は現行憲法や専守防衛の下でも、一定の条件下で認められるとの見解を、当時も今も維持している。ミサイル攻撃に対し他に適当な手段がなければ、「座して自滅を待つ」のではなく攻撃的措置を取ることができるという、自衛隊草創期から変わらない立場がそれである。[82]

つまり、敵基地攻撃を実行できる能力整備を妨げる法的制約はなく、政府はその保有を「政策的に制限」してきたにすぎない。[83]そして30大綱は、敵基地攻撃を目的とした装備体系の整備を想定したものではないと安倍が断言したにもかかわらず、[84]敵基地攻撃能力を肯定する議論を活性化させた。日本がこうした能力を獲得すれば、攻撃を受けても反撃する実力を備えていると敵対勢力に誇示できるようになり、ひいては対日武力行使を思いとどまらせる抑止力になるという主張だ。

安倍はその後、陸上配備型迎撃ミサイル「イージス・アショア」配備計画の断念をきっかけに、抑止力強化を目的に敵基地攻撃能力の保有を検討すると表明した。これが、岸田文雄政権による反撃能力（敵基地攻撃能力）の整備決定につながるのである。

トランプ政権下の米国は、日本の一連の取り組みと議論を歓迎した。米軍にとっては、中国の軍拡と北朝鮮の核・ミサイル開発で不安定度を増している地域情勢に鑑み、「友軍」である自衛隊の能力拡大は軍事上、合理的だったためだ。米統合参謀本部議長だったマーク・ミリーは二〇一九年十一月、東京都内で一部記者団と会見した際、日本による敵基地攻撃能力の保有の是非についてコメントを求められ、次のように語った。

米国と地域の同盟・パートナー各国は、中国の能力に対抗する極めて効果的な能力を必要としている。われわれはそうした能力を開発しており、日本はそれを支援してくれる必然的パートナーだと考えている。なぜなら、日本は大変高度なハイテク社会であり、中国に関しては文字通り最前線に立つ国家だからだ。〔中略〕私が知っているところでは、中国による多様なミサイル技術開発には際限がない。中国の能力に適切に抵抗できる能力を発展させることは、米

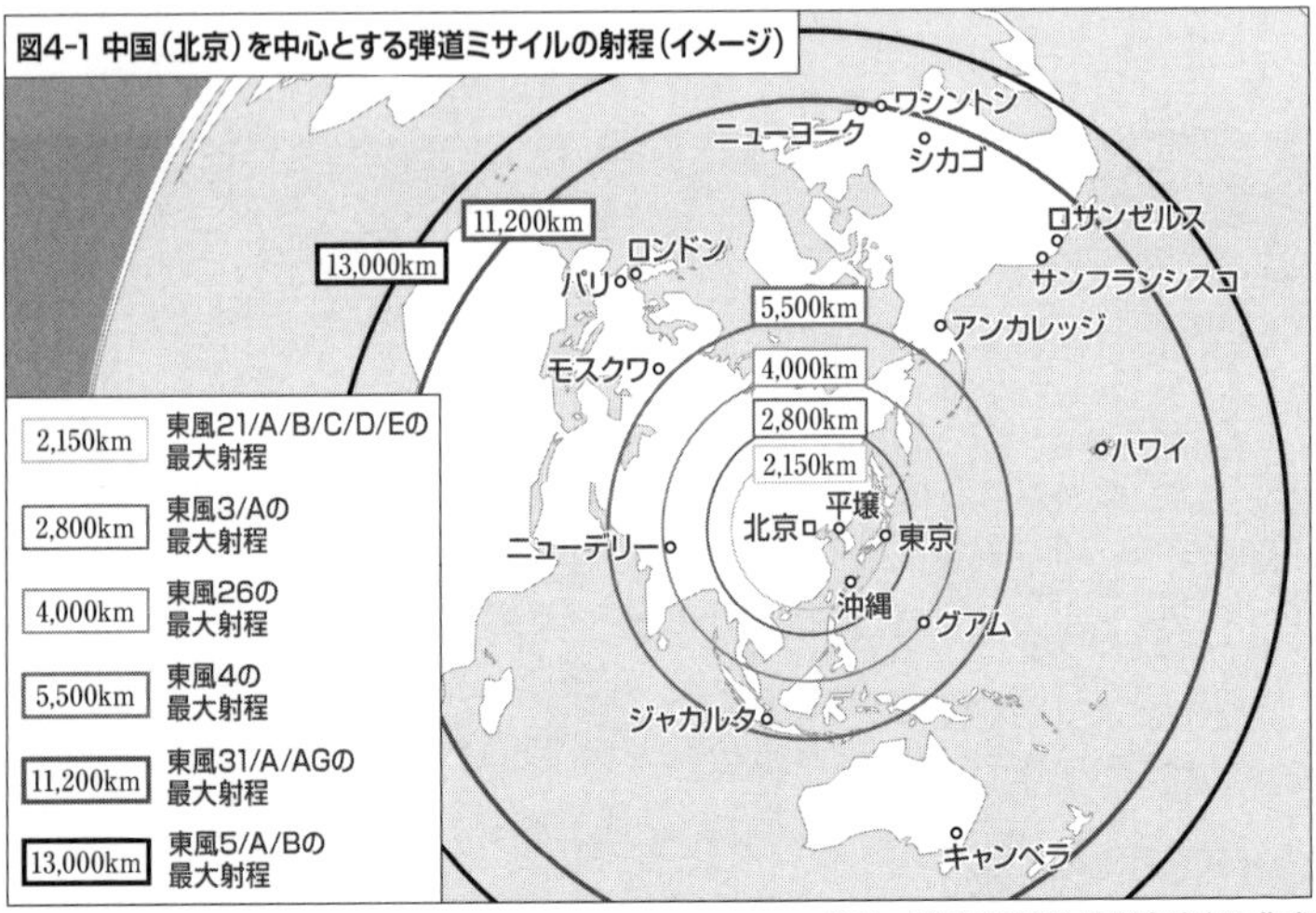

図4-1 中国（北京）を中心とする弾道ミサイルの射程（イメージ）

出典：「令和五年版 防衛白書」より作成

国と地域におけるわれわれのパートナー、とりわけ日本の利益に適っていると思う。[85]

米軍は、沖縄の在日米軍基地や日本本土、日本近海に展開する米軍艦船に対する中国の脅威として、準中距離弾道ミサイル「東風21C」（射程約一五〇〇キロ）、対艦弾道ミサイル「東風21D」（同）、巡航ミサイル「長剣10」（同）といったミサイル戦力への懸念を深めていた。[86] 最大射程四〇〇〇キロで対艦攻撃も可能な中距離弾道ミサイル「東風26」も、西太平洋の米軍の拠点であるグアムに届く「グアム・キラー」と呼ばれ、やはり強い警戒の対象だった。

数も多く、種類も多様な中国のミサイル戦力の被害を低減するには、同様に多くの戦力と多様な手段が必要だ。自衛隊が敵のミサイル部隊の策源地や移動式発射機を攻撃する能力を限定的にでも獲得すれば、米軍にとって重要な補完勢力となるとみられていたのである。

こうした状況は、トランプが退任してからも変わっていない。一九九〇年にヘンリー・スタックポール在日米海兵隊司令官は、米軍が日本から撤退すれば、日本は軍事力を一段と強化するだろうと指摘した上で、「誰も再武装し復活した日本を望んでいない。言うなればわれわれは瓶のふただ」と述べて物議を醸した。[87]中国の軍拡が著しい今日、こうした声が米軍内で上がるとは想像し難い。むしろ、「日本で攻撃的兵器について論じるのが難しいことは知っているが、議論する必要がある。進化する脅威を踏まえると、現状維持はもはや許されない」という意見が主流だろう。[88]

自立した宇宙大国

30大綱と自主・主体性という論点に関連して、政府が大綱中で打ち出した自主的取り組みの代表例として挙げた、宇宙・サイバー・電磁波の各領域の軍事利用のうち、宇宙分野での優位性獲得についても解説しておきたい。日本は自立性の維持に多大な注意を払いながら宇宙開発を進めてきており、安全保障での宇宙利用にも、同様の姿勢が見られるからだ。
日本は宇宙分野で、長期にわたる開発の歴史と、[89]各国に劣らない技術的蓄積を持つが、長い間「平和目的の宇宙開発」を掲げ、安保目的の宇宙利用に背を向けてきた。国民生活に浸透し、一般化した機能を持つ衛星、例えば通信衛星に限って自衛隊の利用を認める「一般化原則」に基づき、宇宙の軍事利用に自ら厳しい制約を課してきたのである。[90]
こうした状況は、二〇〇八年五月の宇宙基本法の成立で転換点を迎えた。[91]宇宙の開発・利用について「国際約束の定めるところに従い、日本国憲法の平和主義の理念にのっとり」（同法第二条）、「我が国の安全保障に資するよう行われなければならない」（第三条）と定めたのだ。次いで一五年一月の第三次「宇宙基本計画」で、政府は「宇宙安全保障の確保」を第一の政策目標に据えるようになった。[92]

日本側の一連の政策変更を踏まえ、宇宙分野での日米間の防衛協力も進むことになった。15ガイドラインは、「宇宙及びサイバー空間に関する協力」という項目を設け、米軍との連携を明記している。具体的には、特定の人工衛星などが攻撃を受けても代替・補完手段によってシステム全体の機能を維持できる能力（抗堪性《こうたんせい》）の確保のほか、衛星や宇宙ごみの情報を収集する「宇宙状況把握（SSA）」や、衛星を使って海洋活動を監視する「海洋状況把握（MDA）」での協力をうたった。[93]

抗堪性の確保は、有事バックアップ体制の確立を意味すると理解すべきだろう。[94] つまり、米国の全地球測位システムに用いられているGPS衛星が失われた場合に、日本の準天頂衛星が同等のサービスを提供する構想だ。MDAでの協力は、米国が強い関心を持つ西太平洋、東シナ海、南シナ海での連携強化を、SSAでの協力は、米国の宇宙ネットワークでは手薄だったアジア地域からの情報収集能力の向上が、それぞれ視野に入っていたとみられる。[95]

ただし、宇宙に関する日米協力は、日本独自の宇宙システムの保持・構築を前提にしていることに留意する必要がある。日本は第三次宇宙基本計画で、準天頂衛星七基体制の確立やXバンド防衛衛星通信網の整備など、独自の宇宙システムの構築を進める方針を堅持した。[96] 15ガイドラインも、宇宙に関する日米協力は「各々の宇宙システムの抗たん性を確保」すると定めている。[97]

ガイドライン再改定では、宇宙分野においても、日本の自主性追求の衝動を日米安保体制の枠内に組み込む作業が行われたと言えるが、独自の能力に対する日本の執着は変わらなかった。トランプ政権末期に当たる二〇二〇年六月に日本政府が策定した第四次宇宙基本計画は、宇宙政策の目標として「自立した宇宙利用大国となることを目指す」ことを掲げた。[98] 同計画では、「自立性」という言葉が登場する回数も、第三次計画の四回から九回に増えている。30大綱が自主性を強調したのと同じ理由で、自立へのこだわりはむしろ強まったように見える。

付言すれば、中国やロシアが、ミサイルや自国の軍事衛星を用いて他国の人工衛星を攻撃する対衛星兵器（ASAT）の開発を進めている現状を踏まえ、米軍は宇宙を「戦闘領域」、すなわち物理的な破壊行為の現場である戦場として捉えるようになっている。[99] 米国は二〇一九年十二月、陸軍、海軍、空軍、海兵隊、沿岸警備隊と並ぶ新たな軍種として宇宙軍を創設し、[100] 宇宙の自由な利用を確保する「宇宙コントロール」の確立を目指す決意を内外に示した。軍事利用に関する米軍と自衛隊の能力・体制のギャップやドクトリンの違いは大きく、両者が互恵的パートナーの関係に至るには、まだ時間がかかるとみられる。

注

1　『アメリカ海軍２０２３　世界の艦船二〇二三年一月号増刊』通巻９８８号（海人社、二〇二二年十二月）六六頁。

2　Justin K. Thomas, "Wasp prepares for Joint Strike Fighter," *Defense Visual Information Distribution Service*, July 22, 2011（https://www.dvidshub.net/news/74178/wasp-prepares-joint-strike-fighter）二〇二〇年六月十日閲覧。

3　筆者に対する米海兵隊第一二一戦闘攻撃中隊幹部の説明（二〇一八年三月二十三日、「ワスプ」艦上）。

4　ブラッド・クーパーと筆者を含む記者団とのインタビュー（二〇一八年三月二十三日、「ワスプ」艦上）。

5　"VMFA-121 departs for relocation to Japan," January 10, 2017（https://www.marines.mil/News/Press-Releases/Press-Release-Display/Article/1046503/vmfa-121-departs-for-relocation-to-japan/）二〇二〇年六月十二日閲覧。

6　"Marine Fighter Attack Squadron 121 Green Knights, MCAS Iwakuni, Yamaguchi, Japan," *The Official Website of The United States Marine Corps*（https://www.1stmaw.marines.mil/Subordinate-Units/Marine-Aircraft-Group-12/VMFA-121/About/）二〇二〇年六月十二日閲覧。

7　David Alexander, "U.S. will put more warships in Asia: Panetta," Reuters, June 3, 2012（https://www.reuters.com/article/idUSBRE85100Z/）

8　Seth Robson, "Marines restart annual Australia rotation paused by coronavirus pandemic," *Stars and Stripes*, May 7, 2020（https://www.stripes.com/news/pacific/marines-restart-annual-australia-rotation-paused-by-coronavirus-pandemic-1.628753）二〇二〇年六月十四日閲覧。オーストラリアへの米海兵隊の巡回駐留部隊の規模は、二〇一九年に当初予定の二五〇〇人に達した（Ibid.）。

9　Steven Stashwick, "US Navy Plans to Deploy Two Littoral Combat Ships to Singapore in 2018," *The Diplomat*, June 9, 2017（https://thediplomat.com/2017/06/us-navy-plans-to-deploy-two-littoral-combat-ships-to-singapore-in-2018/）二〇二〇年六月十四日閲覧。

10　"U.S. Air Force CV-22 Osprey aircraft to arrive at Yokota AB," April 3, 2018（https://www.usfj.mil/Media/

Press-Releases/Article-View/Article/1482806/us-air-force-cv-22-osprey-aircraft-to-arrive-at-yokota-ab/）二〇二〇年六月十四日閲覧。

11 "Second Missile Defense Radar Deployed to Japan," December 26, 2014（https://www.defense.gov/Newsroom/Releases/Release/Article/605330/second-missile-defense-radar-deployed-to-japan/）二〇二〇年六月十四日閲覧。

12 『朝日新聞』二〇一八年五月二十三日。『読売新聞』二〇一八年五月二十三日。

13 Tucker Higgins, "Trump questions Japan defense pact, says if US is attacked, 'they can watch on a Sony television,'" *CNBC.com*, June 26, 2019（https://www.cnbc.com/2019/06/26/trump-questions-whether-postwar-defense-agreement-with-japan-is-fair.html）二〇二〇年六月二十日閲覧。

14 Remarks by President Trump in Press Conference, Osaka, Japan, June 29, 2019（https://www.whitehouse.gov/briefings-statements/remarks-president-trump-press-conference-osaka-japan/）二〇二〇年六月二十日閲覧。

15 Jennifer Jacobs, "Trump Muses Privately About Ending Postwar Japan Defense Pact," *Bloomberg*, July 24, 2019（https://www.bloomberg.com/news/articles/2019-06-25/trump-muses-privately-about-ending-postwar-japan-defense-pact）二〇二〇年六月十二日閲覧。

16 『朝日新聞』二〇一七年五月四日。

17 『読売新聞』二〇〇一年九月二十一日。

18 中谷元とのインタビュー（二〇一九年八月二十一日、東京）。

19 「自衛隊法第95条の2に基づく合衆国軍隊等の部隊の武器等の防護に係る結果（令和4年）について」二〇二三年三月三十一日（https://www.mod.go.jp/j/press/news/2023/03/31b.html）二〇二四年一月二十五日閲覧。

「自衛隊法第95条の2に基づく合衆国軍隊等の部隊の武器等の防護に係る結果（令和3年）について」二〇二二

二年一月二十八日（https://www.mod.go.jp/j/press/news/2022/01/28e.pdf）二〇二三年十一月二十五日閲覧。「自衛隊法第95条の２に基づく合衆国軍隊等の部隊の武器等の防護に係る警護の結果（令和２年）について」二〇二一年二月十九日（https://www.mod.go.jp/j/press/news/2021/02/19d.pdf）二〇二三年十一月二十五日閲覧。「自衛隊法第95条の２に基づく合衆国軍隊等の部隊の武器等の防護に係る警護の結果（平成31年／令和元年）について」二〇二〇年二月十四日（https://www.mod.go.jp/j/press/news/2020/02/14c.pdf）二〇二〇年六月十四日閲覧。「自衛隊法第95条の２に基づく合衆国軍隊等の部隊の武器等の防護に係る警護の結果（平成30年）について」二〇一九年二月二十七日（https://warp.ndl.go.jp/info:ndljp/pid/11450260/www.mod.go.jp/j/press/news/2019/02/27b.html）二〇二四年二月五日閲覧。「自衛隊法95条の２の合衆国軍隊等の部隊の武器等の防護に係る警護の結果について」二〇一八年二月五日（https://warp.da.ndl.go.jp/info:ndljp/pid/11623291/www.mod.go.jp/j/press/news/2018/02/05b.html）二〇二四年二月五日閲覧。

20　稲葉義泰『ここまでできる自衛隊――国際法・憲法・自衛隊法ではこうなっている』（秀和システム、二〇二〇年）二三五―二四五頁。

21　「第百八十九回国会　参議院　我が国及び国際社会の平和安全法制に関する特別委員会会議録第十二号」二〇一五年八月二十五日、九頁。

22　“Army/Navy Transportable Radar Surveillance (AN/TPY-2),” *Missile Defense Advocacy Alliance*（https://missiledefenseadvocacy.org/defense-systems/armynavy-transportable-radar-surveillance-antpy-2/）二〇二〇年六月十四日閲覧。

23　「ＴＰＹ－２レーダー（「Ｘバンド・レーダー」）について」二〇一三年四月（https://www.mod.go.jp/rdb/kinchu/initiatives/tpy-2/data/tpy-2_about.pdf）二〇二〇年六月十四日閲覧。

24　「第38防空砲兵旅団司令部の駐留に関する追加情報について」二〇一九年十二月十九日（https://www.city.sagamihara.kanagawa.jp/_res/projects/default_project/_page_/001/018/100/1219/1219_02.pdf）二〇二〇年六

月十四日閲覧。

25 同右。

26 『読売新聞』二〇二〇年一月十九日。

27 『朝日新聞』二〇二〇年三月二十日。『読売新聞』二〇二〇年三月二十二日。

28 井口龍二「ＩＡＭＤについて」二〇一八年八月三十一日、海上自衛隊幹部学校ホームページ（https://www.mod.go.jp/msdf/navcol/SSG/topics-column/col-120.html）二〇二〇年六月十六日閲覧。

29 「平成31年度以降に係る防衛計画の大綱について」二〇一八年十二月十八日（https://www.mod.go.jp/j/approach/agenda/guideline/2019/pdf/20181218.pdf）一九－二〇頁（二〇二〇年六月十六日閲覧）。

30 『日本の防衛――防衛白書　平成30年版』（https://www.mod.go.jp/j/publication/wp/wp2018/pdf/30030102.pdf）三二一－三二二頁（二〇二〇年六月十五日閲覧）。

31 北関東防衛局総務部広報室『北関東防衛局広報』第一〇四号（二〇二〇年九月）二頁。

32 「Ｆ－35Ａの取得数の変更について」二〇一八年十二月十八日（https://www.mod.go.jp/j/approach/agenda/guideline/2019/pdf/f35a.pdf）二〇二〇年六月十五日閲覧。

33 『朝日新聞』二〇二〇年六月七日。

34 ジョン・ボルトン（関根光宏、三宅康雄他訳）『ジョン・ボルトン回顧録――トランプ大統領との４５３日』（朝日新聞出版、二〇二〇年）七頁。

35 同右、八頁。

36 安倍晋三『安倍晋三　回顧録』（中央公論新社、二〇二三年）二三六頁。

37 同右、三一六頁。

38 同右、二九七頁。

39 Office of Public Affairs, U.S. Department of Justice, "U.S. Charges Five Chinese Military Hackers for Cyber

Espionage Against U.S. Corporations and a Labor Organization for Commercial Advantage," May 19, 2014（https://www.justice.gov/opa/pr/us-charges-five-chinese-military-hackers-cyber-espionage-against-us-corporations-and-labor）二〇二〇年六月九日閲覧。

40 Ibid.

41 Ashton B. Carter, *Inside the Five-Sided Box: Lessons from a Lifetime of Leadership in the Pentagon* (New York, NY: Dutton, 2019) p. 279.

42 Ibid., p. 283.

43 *National Security Strategy of the United State of America*, December 2017（https://trump.whitehouse.archives.gov/wp-content/uploads/2017/12/NSS-Final-12-18-2017-0905.pdf) p. 45（二〇二〇年六月九日閲覧）。

44 溜和敏によると、「アジア太平洋」に代わる「インド太平洋」という言葉は、ヒラリー・クリントン米国務長官が二〇一一年十月に外交誌『フォーリン・ポリシー』で発表した「アメリカの太平洋の世紀」という論文で用いて以降（Hillary Clinton, "America's Pacific Century," *Foregin Policy*, October 11, 2011〔https://foreignpolicy.com/2011/10/11/americas-pacific-century/〕二〇二三年十二月十三日閲覧）、急速に普及したが（溜和敏「「インド太平洋」概念の普及過程」国際安全保障学会編『国際安全保障』第四三巻第一号〔二〇一五年六月〕六八－八六頁）、米政府の公的文書で登場するのはさらに後のことである。米軍が「太平洋軍」を「インド太平洋軍」に改名すると発表したのは、二〇一八年五月だった（"U.S. Indo-Pacific Command Holds Change of Command Ceremony,"〔https://www.pacom.mil/Media/News/News-Article-View/Article/1535776/us-indo-pacific-command-holds-change-of-command-ceremony/〕二〇二三年十二月十三日閲覧）。

45 *National Security Strategy of the United State of America*, p. 25.

46 Ibid., p. 3.

47 Ibid., p. 25.

48 *Summary of the 2018 National Defense Strategy of The United States of America: Sharpening the American Military's Competitive Edge*, January 2018（https://dod.defense.gov/Portals/1/Documents/pubs/2018-National-Defense-Strategy-Summary.pdf）p.2 二〇二〇年六月九日閲覧。

49 "Vice President Mike Pence's Remarks on the Administration's Policy Towards China, October 4 Event," *Hudson Institute*, October 4, 2018（https://www.hudson.org/events/1610-vice-president-mike-pence-s-remarks-on-the-administration-s-policy-towards-china102018）二〇二〇年六月七日閲覧。以下、本文中の引用は本資料に基づく。

50 Cary Huang, "Fighting talk: it's Washington vs Beijing after US VP Mike Pence's China speech," *South China Morning Post*, October 13, 2018（https://www.scmp.com/week-asia/geopolitics/article/2168281/fighting-talk-its-washington-vs-beijing-after-us-vp-mike）二〇二〇年六月九日閲覧。Alan W. Cafruny, "US-China: Truman Doctrine in Action," *Valdai Discussion Club*, October 9, 2018（https://valdaiclub.com/a/highlights/us-china-truman-doctrine-in-action/）二〇二〇年六月九日閲覧。

51 Jane Perlez, "Pence's China Speech Seen as Portent of 'New Cold War'," *The New York Times*, October 5, 2018（https://www.nytimes.com/2018/10/05/world/asia/pence-china-speech-cold-war.html）二〇二〇年六月八日閲覧。

52 Ibid.

53 *National Security Strategy of the United State of America*, p. 26.

54 Hong Kong Human Rights and Democracy Act of 2019, 22 USC 5701 (2020).

55 Uyghur Human Rights Policy Act of 2020, 22 USC 6901 (2020).

56 上下各院での採決結果は、米議会図書館のデータベース（Congress.gov）で確認できる。「香港人権民主主義法」の採決結果は https://www.congress.gov/bill/116th-congress/senate-bill/1838/actions、「ウイグル人権政策法」の採決結果は https://www.congress.gov/bill/116th-congress/senate-bill/3744/actions を、それぞれ参照。

57 前掲「平成31年度以降に係る防衛計画の大綱について」二〇一八年十二月十八日（https://www.mod.go.jp/j/approach/agenda/guideline/2019/pdf/20181218.pdf）四頁（二〇二〇年六月九日閲覧）。

58 同右、五頁。

59 「第23回国際交流会議「アジアの未来」晩餐会 安倍内閣総理大臣スピーチ」二〇一七年六月五日（https://warp.ndl.go.jp/info:ndljp/pid/10992693/www.kantei.go.jp/jp/97_abe/statement/2017/0605speech.html）二〇二三年十一月二十二日閲覧。

60 前掲『安倍晋三 回顧録』三一九頁。

61 Y.A., “The Virtues of a Confrontational China Strategy,” *The American Interest*, April 10, 2020（https://www.the-american-interest.com/2020/04/10/the-virtues-of-a-confrontational-china-strategy/）二〇二〇年六月十日閲覧。

62 前掲「平成31年度以降に係る防衛計画の大綱について」一頁（二〇二〇年六月十七日閲覧）。

63 「平成26年度以降に係る防衛計画の大綱について」五頁（二〇二〇年六月十七日閲覧）。

64 『防衛白書――日本の防衛 令和元年版』（http://www.clearing.mod.go.jp/hakusho_data/2019/html/n21203000.html）二一四頁。

65 前掲「平成31年度以降に係る防衛計画の大綱について」二頁（二〇二〇年六月十七日閲覧）。

66 村野将「新防衛大綱、いずも「空母化」議論は本質ではない――新たな防衛大綱の評価と課題（前編）」二〇一九年一月十七日、『Wedge Online』（https://wedge.ismedia.jp/articles/-/15092）二〇二三年十一月二十二日閲覧。

67 同右。

68　「第百九十八回国会　衆議院　安全保障委員会議録第九号」二〇一九年六月六日、一〇―一一頁。

69　前掲「平成31年度以降に係る防衛計画の大綱について」一九頁（二〇二〇年六月十七日閲覧）。「中期防衛力整備計画（平成31年度～平成35年度）について」二〇一八年十二月十八日（https://www.mod.go.jp/j/approach/agenda/guideline/2019/pdf/chuki_seibi31-35.pdf）九頁（二〇二〇年六月十七日閲覧）。

70　前掲「平成31年度以降に係る防衛計画の大綱について」一九頁（二〇二〇年六月十七日閲覧）。

71　『読売新聞』二〇一九年八月十七日。

72　前掲「平成31年度以降に係る防衛計画の大綱について」一九頁（二〇二〇年六月十七日閲覧）。前掲「中期防衛力整備計画（平成31年度～平成35年度）について」九頁（二〇二〇年六月十七日閲覧）。

73　村野将「自衛隊には何が足りない？　「競争」時代の防衛戦略とは――新たな防衛大綱の評価と課題（後編）」二〇一九年一月十八日、『Wedge Online』（https://wedge.ismedia.jp/articles/-/15093）二〇二三年十一月二十六日閲覧。

74　「防衛大臣記者会見概要」二〇一七年十二月八日（https://www.mod.go.jp/j/press/kisha/2017/12/08.html）二〇二〇年六月十七日閲覧。

75　前掲「中期防衛力整備計画（平成31年度～平成35年度）について」一〇―一一頁（二〇二〇年六月十七日閲覧）。「防衛大臣記者会見」二〇二一年八月十日（https://www.mod.go.jp/j/press/kisha/2021/0810a.html）二〇二四年二月十日閲覧。

76　同右、一一頁。

77　瓦力防衛庁長官は一九八八年四月六日の参議院予算委員会で、「個々の兵器のうちでも、性能上専ら相手国の国土の壊滅的破壊のためにのみ用いられるいわゆる攻撃的兵器を保有することは、これにより直ちに自衛のための必要最小限度の範囲を超えることとなるから、いかなる場合にも許されず、したがって、例えばＩＣＢＭ、長距離戦略爆撃、あるいは攻撃型空母を自衛隊が保有することは許され」ないと答弁した（「第百十二回

国会　参議院予算委員会会議録第十八号」一九八八年四月六日、三頁）。「いずも」改修への批判については、例えば『朝日新聞』二〇一九年八月三十一日。

78 『防衛白書——日本の防衛 令和元年版』二〇二頁（二〇二〇年六月十九日閲覧）。

79 「防衛大臣記者会見」二〇一八年十二月十八日（https://www.mod.go.jp/j/press/kisha/2018/12/18a.html）二〇二〇年六月十六日閲覧。

80 例えば、「質問第二一六号　長距離巡航ミサイルに関する質問主意書」二〇一八年四月六日。

81 「防衛大臣記者会見概要」二〇一七年十二月八日（二〇二〇年六月十七日閲覧）。

82 「第二十四回国会　衆議院　内閣委員会会議録第十五号」一九五六年二月二十九日、一頁。本資料中の鳩山一郎首相の発言については、本書「はじめに」を参照。

83 高橋杉雄「専守防衛下の敵地攻撃能力をめぐって——弾道ミサイル脅威への1つの対応」『防衛研究所紀要』第八巻第一号（二〇〇五年十月）一〇八頁。

84 「第百九十八回国会　衆議院会議録第二十四号」二〇一九年五月十六日、八頁。

85 筆者を含む一部記者団とミリーの会見、二〇一九年十一月十三日、東京。

86 Office of the Secretary of Defense, *Annual Report to Congress: Military and Security Developments Involving the People's Republic of China 2019*, May 2, 2019, p. 44.

87 Fred Hiatt, "Marine General: U.S. Troops Must Stay in Japan," *The Washington Post*, March 27, 1990（https://www.washingtonpost.com/archive/politics/1990/03/27/marine-general-us-troops-must-stay-in-japan/1040d582-b39b-408f-a0cb-cf7dab87dea6/）二〇二〇年六月二十日閲覧。

88 筆者を含む一部記者団と米軍高官の懇談、二〇一九年十月二十一日、東京。

89 「第六十一回国会　参議院　科学技術振興対策特別委員会会議録第九号」一九六九年六月十三日、一頁。

90 「第百二回国会　衆議院　予算委員会会議録第五号」一九八五年二月六日、三頁（https://kokkai.ndl.go.jp/

#/detail?minId=110205261X00519850206&current=1）二〇一九年七月十五日閲覧。

91　青木節子「宇宙基本法」『ジュリスト』第一三六三号（二〇〇八年九月）三九頁。

92　「宇宙基本計画　平成27年1月9日　宇宙開発戦略本部決定」九頁（https://www8.cao.go.jp/space/plan/plan2/plan2.pdf）二〇一九年七月十五日閲覧。

93　「日米防衛協力のための指針（2015.4.27）」（https://www.mod.go.jp/j/approach/anpo/alliguideline/shishin_20150427j.html）二〇二〇年六月十八日閲覧。

94　鈴木一人「日本の安全保障宇宙利用の拡大と日米同盟」日本国際問題研究所『グローバル・コモンズ（サイバー空間、宇宙、北極海）における日米同盟の新しい課題』二〇一五年三月、五八－五九頁。

95　同右、五九頁。

96　前掲「宇宙基本計画　平成27年1月9日　宇宙開発戦略本部決定」一三頁。

97　前掲「日米防衛協力のための指針（2015.4.27）」。

98　「宇宙基本計画の変更について」（https://www8.cao.go.jp/space/plan/kaitei_fy02/fy02.pdf）二〇二三年十一月二十四日閲覧。引用した文言については、本資料中の「（別紙）宇宙基本計画」九頁を参照。

99　Theresa Hitchens, "SPACECOM To Write New Ops War Plan: 100km And Up," *Breaking Defense*, September 16, 2019 (https://breakingdefense.com/2019/09/spacecom-to-write-new-ops-war-plan-100km-and-up) 二〇二〇年一月二十六日閲覧。

100　Jim Garamone, "Trump Signs Law Establishing U.S. Space Force," DOD News, December 20, 2019 (https://www.defense.gov/News/News-Stories/article/article/2046035/trump-signs-law-establishing-us-space-force/).

第五章　自主と同盟
——国際政治理論からの検討

中国建国70年軍事パレードで公開された中国軍最新鋭のステルス無人機（2019年10月１日、写真提供：読売新聞）

1　同盟管理のメカニズム

日米に特有の枠組み

「日米防衛協力のための指針」（ガイドライン）は、「二国間の安全保障及び防衛協力の実効性を向上させるため、日米両国の役割及び任務並びに協力及び調整の在り方についての一般的な大枠及び政策的な方向性を示す」政策文書だ。[1] 条約ではないため、日米の議会の批准を必要としないだけでなく、行政協定とも異なり、効力を発揮するための日米両政府内の手続きも存在しない。日本では、内閣の意思決定である閣議決定ではなく、閣議での報告対象になるにすぎない。[2] それにもかかわらず、ガイドラインは、日米両国、とりわけ日本の防衛政策の形成と発展に大きな影響を及ぼしてきた。

ガイドラインはまた、軍対軍のレベルではなく政治の次元で軍隊の運用の基本方針を規定しているという点で、日米同盟に特有の文書だ。米政府で国防総省北東アジア部長、国家安全保障会議（NSC）東アジア部長などを務めたクリストファー・ジョンストンによれば、米国と同盟国である韓国やオーストラリア、北大西洋条約機構（NATO）加盟各国の間には、ガイドラインに相当する文書はない。[3]

米国が日本以外の同盟国と策定した「ガイドライン」を冠する文書としては、二〇二三年五月にフィリピンと結んだ「二国間防衛ガイドライン」（米比ガイドライン）がある。[4] 米比ガイドラインでは、南シナ海でのフィリピン軍・沿岸警備当局の艦艇・船舶・航空機に対する攻撃は、米比相互防衛条約で定められた米国のフィリピン防衛義務の対象になると確認した条文が最も重要だ。サイバー・非正規戦、さらに武力行使とまでは言えない主権侵害行為を繰り返すグレーゾーン事態への対処における米比協力もうたった。

米比ガイドラインの主要項目として上記の内容が真っ先に挙げられるのは、同ガイドラインが、南シナ海で領有権の主張を強める中国を牽制するためのメッセージの発信を主な目的としているためだ。[5] そこからは、フィリピンや米国の防衛政策の枠組みを大きく変えていこうという意思は読み取れない。米比ガイドラインは、日本の防衛政策の形成を牽引してきた日米間のガイドラインとは、本質的に性格を異にしているようにみえる。この意味で、「日本以外の同盟国との間でガイドラインのような文書を起草する取り組みは聞いたことがない」という元米国防当局者の証言は、[6] なお妥当であるように思われる。

では、日米安保体制の中で、ガイドラインはどういった機能と役割を果たし、どのような意義を持っているのか。本章ではまず、主に国際政治学の同盟理論の視点からガイドラインを見つめ直してみたい。その上で、既存の理論では捉えきれないガイドラインの特異性を、策定・改定の過程やその結果として実現してきた政策の変遷を実証的に振り返りながら、浮き彫りにする。最後に、理論と現実の両面からの検討に基づき、改めてガイドラインとは何かを定義し、その機能と影響を考察する。

同盟のジレンマ

理論的にガイドラインを分析するに当たっては、ガイドラインが日本を取り巻く安全保障環境の変化を踏まえて策定ないし改定されてきたという経緯に着目することが、最初の一歩となろう。

一九七八年のガイドライン策定の際は、ベトナム戦争終結に伴う米軍のプレゼンス減少への懸念や極東・アジアにおけるソ連の軍事力増強、九七年の改定に先立っては第一次朝鮮半島核危機、二〇一五年の再改定前には中国の軍事的台頭と北朝鮮の核・ミサイル開発の一層の進展という安保環境の悪化があった。

環境の変化が重要なのは、同盟関係に軋轢をもたらし、関係の調整を迫るからだ。これまでより脅威を強く受けるようになった国は、有事の際に同盟相手から見捨てられるのではないかという懸念を深める一方、同盟相手は、戦うことを望まない戦争に巻き込まれるのではないかとの不安を感じるようになる。[7] 双方の懸念は、それぞれ「見捨てられ」と「巻き込まれ」の恐怖と呼ばれる。

国際政治学者のグレン・スナイダーはこの「見捨てられ」と「巻き込まれ」という概念を掘り下げ、次のように論じた。

脅威を感じている国は見捨てられの懸念から同盟相手の利益にある程度適合した政策を構成

するよう強いられるが、同盟相手への強いコミットメントは政策に硬直性をもたらし、逆に相手の政策に巻き込まれる危険を高める。この危険を低減するには、過剰に強固なコミットメントを避ける必要があるが、そうすれば再び見捨てられのリスクが生じる。これが「同盟の安全保障のジレンマ」である。[8]

見捨てられないよう相手に強く抱き付けば、それだけ相手の身勝手に付き合わざるを得なくなり、抱き付くのに必死で身動きを取れなくなるのが嫌で腕に込めた力を弱めれば、相手が離れていってしまう可能性が高まるというジレンマだ。逆説的かもしれないが、このジレンマは、パートナーを乗り換えることができる状況においてのみ生じる。パートナー候補が他にいない場合は、どういう状況に置かれようが現在の相手に抱き付き続ける以外、選択の余地はないためだ。国際関係に当てはめれば、「同盟の安全保障のジレンマ」は、三つ以上の大国が存在する多極システムに特徴的な現象である。

ウェブスター大学ジュネーブ校の日本研究者リオネル・ファットンと国際政治学者のオレステ・フォッピアーニは、この「見捨てられ」と「巻き込まれ」の二つの恐怖に基づき日米同盟を分析した。それによれば、ベトナム戦争への米軍の関与が増した一九六〇年代、日本は巻き込まれの恐怖をより強く抱いていたが、[9]米国の軍事負担軽減を目指したグアム・ドクトリンの発表（六九年）、二次にわたるニクソン・ショック（七一年）、極東地域でのソ連の軍備増強を経て、見捨てられの恐怖のほうが高まった。[10]

国際政治学者の川上高司や土山實男も同様の見方を示している。[11] 例えば川上は、グアム・ドクトリンを「転換点」だったとし、「この頃から日本の「同盟のジレンマ」は次第に「巻き込まれる恐怖」から「捨てられる恐怖」へと変化し始め」たと強調している。[12]

ファットンとフォッピアーニは一九九〇年代の状況についても、日本は第一次朝鮮半島核危機や台湾海峡危機で対米支援の姿勢を明確にできず、「米国の同盟国としての日本の価値は相対的に低い」ことが浮き彫りになったと指摘した。[13] 二人の見解によると、日本は自らの価値を米国に示すため、同盟内でより積極的役割を担うよう突き動かされ、78ガイドラインや97ガイドラインは、こうした取り組みの一環だったということになる。[14]

二〇一五年のガイドライン再改定に関しても、米国が台頭する中国を優遇して日米同盟を見捨てることを、日本が恐れたという説明が可能だ。

多くの日本人は米国のことを、とりわけ中国に比べ、そしてより広範には世界中で拡大する安保・経済面の数々の課題に直面し、衰退しつつあるグローバル・パワーだと考えている。〔中略〕懸念されるのは、アメリカが中国に同調し、同盟を見捨てる可能性（その結果、日本は中国の威圧に翻弄されることになる）であり、「力が正義」の世界に向かうグローバル・ガバナンスの全体的な悪化である。そして「力」は日本の得意とするところではない。〔中略〕安倍〔晋三首相〕の短期的な対応は、米国の信頼性を高め、潜在的な敵対勢力から見た抑止力を強化する方法として、米国との安全保障関係を強化することだった。[15]

「見捨てられ」の恐怖から日本の防衛政策を分析する視角では、一九七〇年代から今日に至るまで、不安に駆られた日本が米国をつなぎ留めるために同盟強化を図る構図は不変である。

ただし、以上の解説は、日本が取った戦略的行動の一環として、ガイドラインの策定・改定があったとしているだけだ。つまり、ガイドラインの策定・改定の誘因の説明にとどまる。米国との間で生じる「同盟の安全保障のジレンマ」に対処するツールというガイドラインの役割を理解するには、ジレンマできしむ同盟関係の維持について論じたスナイダーに立ち返らねばならない。

ガイドラインによる管理

キーワードは、「同盟管理」だ。スナイダーによると、同盟管理とは「同盟の構成各国が同盟を存続させ、同盟内における自身の利益を推進しようと試みる、共同で一方的[16]」な「暗黙ないし明示的な、本質的に取引のプロセス[17]」である。

「共同で」というのは、敵対国に対する政策協調や共同軍事計画の策定などを通じ、同盟を組む両当事国に共通する利益の促進を図ることを意味し、「一方的」というのは、例えば同盟相手の負担増に期待して自国の軍事費を削減する場合などを想定している。「取引」としているのは、両当事者とも同盟の維持に利益を見いだしているものの、そのために要するコストやリスクを最小限にとどめようとお互いに相反する利益をも抱えており、取引（交渉）によって調整する必要があるためだ[18]。

スナイダーはこのように同盟管理を定義した上で、「同盟に対する脅威の程度と、そして恐らく脅威の所在の修正をもたらす政治的文脈の一定の変化」が生じた時に[19]、「同盟の見直し[20]」、すなわち同盟管理のプロセスが始まるとし、次のように記した。

同盟内の取引において最も顕著な課題としては、軍事計画の調整、外交的危機の際に対立勢力に対して取る立場、平時の準備態勢構築に要する負担の分担がある。幾つかの課題は、暗黙であれ明示的であれ、当初の同盟合意の再交渉を含む。結果として、合意の対象が、同盟当事国の新たな利益、新たな地理的領域、ないし新たな敵対勢力にまで拡大されることもある。〔中略〕戦争勃発後、構成各国はどの時点で前線に部隊を配置するか、どれだけの部隊をどの戦線に配置するかといった点を明確にするなど、当初の合意における一般論が詳細に詰められることもあろう。[21]

スナイダーは同盟管理の一例として、十九世紀末に成立した露仏同盟を取り上げ、安保環境の変化と同盟見直しの関係について論じている。アフリカ分割をめぐりフランスが英国と対立したファショダ事件（一八九八年）を経て、ロシアに対するフランスの依存が強まった結果、ロシアに有利な形で同盟は改定され、ロシアが日本に敗れた日露戦争（一九〇四－〇五年）後には、ロシアに不利な同盟の見直しが行われたというのである。[22]

スナイダーの一連の分析を日米同盟に当てはめてみると、ガイドラインの役割も見えてくる。結論を先に記すと、ガイドラインの策定・改定は「脅威の程度と所在」の修正を迫る国際政治状況の変化に伴う「同盟管理」の一環であり、日米両政府がガイドライン策定によって当初の合意における一般論を詳細に詰めたと言うことができるだろう。

日米間では、一九五二年発効の「日本国とアメリカ合衆国との間の安全保障条約」(旧安保条約)で、日本が米国に駐留拠点を貸す代わりに米国から安全保障を得る「物と人との協力」という安保体制の基本構図が確立し、[23]六〇年発効の「日本国とアメリカ合衆国との間の相互協力及び安全保障条約」(現安保条約)で日本防衛と米軍への基地貸与という米日それぞれの義務が明確になった。お互いが義務を負いつつもその内容は異なるという、相互的かつ非対称という性格が定着したことになる。

ところが、有事の際、日本防衛のために日米が具体的にどういった方策を取るのかについては、不明確なままだった。一九七七年版の『防衛白書』は、日米安保条約の運用に関する「軍事面を含めた包括的な協力態勢に関する研究、協議」は行われてこなかったと率直に認めている。[24]

この間、日米を取り巻く安保環境は変化していった。米国からすれば、ベトナム戦争の終結や中国との和解を経てアジア太平洋地域の緊張は緩和する一方、日本にとって周辺の安保環境は、米軍撤収の動きなどを受けて悪化したように感じられた。

こうして「見捨てられ」の恐怖を抱いた日本は「同盟の安全保障のジレンマ」に直面し、日米同盟がきしむことになった。このため、日米間で利益を調整して同盟の存続を図る同盟管理プロセスが発動した。その際、とりわけ日本としては、米国との関係を強化する必要があった。

このような問題意識を踏まえて日本防衛のための自衛隊と米軍の任務を定めた78ガイドラインは、防衛庁防衛局長だった丸山昂の言葉を借りれば「安保条約をインプルメント〔履行〕する」文書だった。[25] ガイドラインは、「物と人との協力」という一般的な同盟合意を、防衛協力のための政策と部隊運用という詳細な次元に落とし込む「同盟管理メカニズム」として機能したのである。

安全保障のジレンマ

ここで、ガイドラインの理論的分析に当たり、「同盟の安全保障のジレンマ」とは異なる概念である、「安全保障のジレンマ」との関連についても解説を加えておこう。

「安全保障のジレンマ」とは、ある国家が安全保障を高めようとすると、期せずして他の国の安全保障を脅かすことを指す。[26] 国際システムには、国家と異なり、強制力を行使して秩序を維持する統治機構がない。従って、各国は自助によって生存を確保しなければならず、絶えず猜疑心と恐怖にさいなまれている。このため、ある国が自国の安全を高める政策を採ると、それが防衛と現状維持を意図したものだったとしても他国の不信をあおり、結果として最初に政策を実行した国の安全を損なうことになる。[27]「安全保障のジレンマ」が招く悪循環の帰結の典型例が、軍備拡張競争である。

「安全保障のジレンマ」の構造をさらに掘り下げてみよう。まず、ある国が戦力増強政策を採用した場合、他の国は、それが攻撃や侵略を意図したものなのか、それとも防衛を強化しようとしているにすぎないのかを推測することになる。次に、その国はこの推測に基づき、自国が対抗策として軍事力を強化するのか、そうではなくて相手国の不安を取り除き安心を供与する政策を打ち出すかを決めねばならない。[28]

つまり、双方とも、攻撃の意思を持っていないのであれば、お互いの意図をめぐる不確実性を低減して相互不信を緩和できさえすれば、軍拡ではなく、安心供与政策を採る可能性が高まる。不確実性を低減する方策としては、相手国が講じた軍事的措置やその意図の検証のほか、[29]軍事力の運用・構築に関する情報の開示、すなわち軍事に関する透明性の向上などが挙げられよう。

この透明性の向上こそ、「安全保障のジレンマ」との関係でガイドラインに期待される役割である。ガイドラインは、日本が攻撃されたり、日本周辺で紛争が発生したりした場合の日米の軍事力の運用方針を、国内だけでなく第三国にも開示しているからだ。後にも触れるが、防衛省防衛政策局長、防衛審議官として15ガイドラインの取りまとめに当たった徳地秀士は、ガイドラインについて「日本の周辺諸国、特に中韓両国に対する戦略的コミュニケーションの手段」という側面もあると指摘している。[30]

日米両政府はとりわけ97ガイドラインの策定に当たり、作成作業の当初から、周辺各国に明確な説明を積極的に行っていくことが重要だと認識していた。[31]中国をはじめとする周辺各国は当時、冷戦終結後の日米同盟の行方と日本の役割の拡大に大きな関心を抱いていた。[32]日米がガイドライン策定の三ヵ月以上前に中間取りまとめを公表したのも、事前に関心を持つ各国にガイドラインの内容を説明し、理解を得る機会をつくるためだった。[33]防衛庁防衛政策局長、防衛事務次官だった秋山昌廣はこの間の経緯に関し、「二国間の防衛協力について対外的に透明性を維持するというのはいささか軍事の常識を破っていることになるが、結局このことは、日米安全保障体制が国際的〝公共財〟となっている状況を反映したものと考えるのが妥当と思う」と説明している。[34]

ただ、ガイドラインが周辺各国、特に中国の不信感の低減に寄与したことを示す証拠はない。中国の公表国防予算は、一九八九年度から二〇一五年度までほぼ毎年二桁の伸び率を記録し、その規模は、九三年度から三〇年間で約三七倍に達した。[35] ガイドラインが中国への安心供与に寄与した形跡はまったく見られず、日米と中国はむしろ、既に「安全保障のジレンマ」に基づく軍拡の悪循環に陥っているようにみえる。

さらに、軍事に関する透明性の向上は、ガイドラインの策定・改定の目的というより、その付随的効果として期待されたにすぎないことにも留意すべきだ。前章までに検討してきた通り、ガイドラインはそもそも、日米間の軍事協力を強化するために作成された。中国をはじめとする周辺各国の日米に対する信頼を高めるためにつくられたわけではないのである。抑止力向上のためのツールが、同時に抑止したい相手の警戒を解くツールでもあるとするのは、やはり矛盾であると言わざるを得ない。

ガイドラインは「安全保障のジレンマ」を緩和するには有効ではなく、かつそうした役割を果たすことを当初から意図して作成されたわけでもない。ガイドラインの理論的分析に「安全保障のジレンマ」との関係を含めることは、控えるべきだろう。

2 自主性発露のメカニズム

同盟理論の限界

スナイダーらの理論に準拠すれば、日米ガイドラインは「安保環境の変化を受けた見捨てられの恐怖に伴って顕在化し、日米安保体制に内在する同盟のジレンマの軽減を目的とした、一般的な合意を具体的措置に転換する同盟管理メカニズム」と定義できるが、明かし切れない謎が残る。

まず、理論と現実の隔たりの問題がある。「同盟の安全保障のジレンマ」の枠組みでは、見捨てられの恐怖を抱く国は同盟相手の逃避を阻止するため、「相手を満足させる形に自国の政策を調整する必要」に直面する。[36] 従って、見捨てられの恐怖を抱える国は同盟相手への依存を強め、防衛政策の立案・遂行に関し自立性を低下させていくはずだ。

同盟の分類に基づく分析でも、同様の結論が得られる。国際政治学者のジェームズ・モローは、同盟によって得られる利益には安全の向上と行動の自由（自立性）の獲得の二つがあると指摘した上で、同盟関係について、双方が同質の利益を享受する「対称同盟」と、安全と自立性を交換する形で利益を得る「非対称同盟」に類型化した。[37] 後者では、より弱い国家が、軍事基地の提供や外交・内政政策での同調といった譲歩と引き換えに強力な国家と同盟を結び、外部の脅威に対する防御を高める。[38] 強者は弱者から差し出された譲歩によって、現状を望ましい方向に変えるための行動の自由を拡大できる一方、弱者を守るための安全保障上のコストを担う。[39]

米国が日本国内に戦力展開の拠点となる基地を得る代わりに日本防衛義務を負う日米同盟は、モローの言う非対称同盟の定義と一致する。ところが、日本の防衛政策の視野は、国際安全保障上の課題解決への貢献や集団的自衛権の限定行使など、ガイドライン改定のたびに逆に広がってきた。自立・自主性を犠牲にして同盟を強化するという構図にはなっていない。

また、見捨てられの恐怖が日本に行動を強いたという見方は、大局的な国際情勢の構図とは整合的だが、実際にガイドラインの策定・改定作業に当たった当事者の感覚とはやや異なる。丸山は78ガイドラインの策定をめぐり、ソ連の脅威に備えた日米の体制づくりという発想よりも、作戦展開のために自衛隊と米軍の間の運用面の詳細を詰めておくべきだとの問題意識がまずあったと明かしている[40]。政治の次元でソ連の軍備増強に対する懸念が顕著になるのは一九七九年のソ連によるアフガニスタン侵攻以降のことであり[41]、78ガイドライン策定時には環境の悪化は明示的に意識されておらず、脅威対抗の発想も希薄だった。

一九九七年のガイドライン改定も、朝鮮半島有事の際の日本による対米支援が不明確であったことが主な理由の一つだが、米側の圧力を受け、日本が米国の要求を丸呑みしたわけではなかった。日米双方が同盟の脆弱性を認識し、その実効性向上に関心を抱いていたのである。見捨てられの恐怖に震えた日本側が米国を引き留めたという捉え方は、単純にすぎるだろう。

さらに、見捨てられの恐怖を強調したところで、米国が日本との同盟を破棄する可能性が現実味を帯びた瞬間がどれだけあったのかという疑問もある。米議会を中心に、日本による「安保ただ乗り」を批判する声は常にある。だが、米国の安全保障戦略の中で日本は重要な位置を占めており、グアム・ドクトリン発表後も冷戦終結後も、米政府が同盟破棄を真剣に検討した形跡はない。同じ期間に、日本政府が米国との同盟解消まで具体的に予期し、恐慌に陥ったという事実も確認できない。

前述のように、「同盟の安全保障のジレンマ」は、同盟相手を変更できる場合に強く作用する。同盟の組み換えの可能性が低いかゼロである時には、双方とも各自の利益を調和させるために、妥協して政策調整を行う以外の手はないのである。

非対称性の改善

最後に、最大の問題点として、理論に基づく定義では、ガイドラインによってどのような具体的措置を日米が講じることになったのか、なぜそのような内容になったのか、それがとりわけ日本の防衛政策にどういった影響を与えたのかという問いに十分答えることができない。理論だけでは、具体的な政策を説明する力が不足しているのである。

ガイドラインが導いてきた政策の内容を明らかにし、それによって日米同盟に固有のガイドラインの特徴を提示するためには、やはり実証的にガイドラインの策定・改定の過程と内容、さらにその帰結を追っていく必要がある。そこで以下では、先行研究の紹介と第一章から第四章までの記述の総括も兼ねて、一連の過程を振り返ってみたい。

78ガイドラインは、自衛隊は防勢作戦を、米軍が打撃力を用いる攻撃的な作戦を行うと定め、現在まで続く「米軍は矛、自衛隊は盾」という役割分担を明確にした[42]。佐道明広は、一九七〇年代は日本の防衛政策の基本姿勢として自主防衛と日米安保という二項対立が存在した最後の時代だったと指摘した上で、78ガイドラインを自主防衛を基軸とした七六年の防衛計画の大綱（51大綱）と対比し、日米協力推進路線が結実したものだと指摘している。[43]

佐道は、当時の当局者の証言や論考を基に当事者の意図を浮き彫りにしているが、一方で51大綱と78ガイドラインの共通点を見落とすわけにはいかない。すなわち、両者いずれにも、中心的概念として、日本に対する限定的かつ小規模な侵略を独力で排除するという「限定小規模侵略独力対処」が明記された。[44] 佐道の分析枠組みを援用すると、限定小規模侵略独力対処は自主防衛の系譜に連なる概念である。佐道はさほど重視していないものの、限定小規模侵略独力対処を日米安保中心主義と並ぶ柱として併記した78ガイドラインは、51大綱の「自主防衛中心の考え方[45]」をも継承しているのだ。

一線の研究者によるこの時代の研究の蓄積は厚い。吉田真吾は、米側の資料も駆使し、ベトナム戦争終結をきっかけとした日本国内の反軍主義の弱体化と日米両政府間の相互不安の高まりを受け、日米軍事協力の「制度化」が進展したと説いた。[46] 吉田の言う「制度」の中核こそが、78ガイドラインだった。

より具体的に吉田の見解を解説しよう。まず、一九七五年に米国が南ベトナム政府を「見捨てる」形でサイゴンが陥落し、日本社会が自国の安全を得る手段を真剣に考え始めたために、かつての軍国主義の反動としての反軍主義が弱まり[47]、日米軍事協力を制度化する環境が整った。米国の「アジア離れ」を懸念した日本政府は、米国の日本防衛への関与の詳細を定めることで日米同盟の信頼性を高めようとガイドライン策定を推進し、同時に米政府も日本が離れていく事態を恐れ、日本の自立化を統制する手段として防衛協力の深化を図った。吉田の言葉を借りれば、「米国政府は、米国が提供する安全に対する信頼を失えば、日本は核武装を含む重武装の形で、もしくはソ連寄りの形で中立化するのではないかと懸念した」のである。[48]

吉田の研究は、日本のみならず、米国も見捨てられの恐怖を抱えていたという視点を提供し、新鮮である一方、日本の見捨てられの恐怖の高まりをガイドライン策定の端緒としている点で、同盟理論の枠組みをなぞっているとも言える。

一九九七年のガイドライン改定は、日米の共同作業の色彩がより濃厚だ。日米同盟の「漂流」から「再確認」に至る様を描写した船橋洋一の『同盟漂流』によると、第一次朝鮮半島核危機で高まった日米連携への不安、ホワイトハウスの日米安保関係軽視への危機感、国連重視の安保政策に傾倒する日本への懸念が一体となって、日米同盟再確認の動きが浮上し、ガイドライン改定に至った。[49]

改定で生まれた97ガイドラインについては、秋山昌廣が「朝鮮半島の問題を念頭に置いて、周辺事態のことがメインになった」と振り返っている。[50] 日本周辺地域における有事の際の日本による米軍支援について、集団的自衛権の行使を禁じた当時の憲法解釈の枠内という制約下で、具体的に規定した点が最大の特徴だ。

97ガイドラインはまた、78ガイドラインの限定小規模侵略独力対処の方針を捨て、外国による対日武力侵攻の際はその規模にかかわらず、当初から日米で協力して対処する姿勢に転換した。[51]
さらに、国際的な軍備管理・軍縮や国連平和維持活動（ＰＫＯ）などでの日米協力をうたい、[52] ＰＫ

〇を日米安保体制に結び付けた。[53]９７ガイドライン全体の中では簡潔な書きぶりではあるが、一九九一年の湾岸戦争の教訓を基に台頭した国際主義という新たな日本の主体性を、日米安保体制の中に組み込もうとしたと言えよう。

二〇一五年のガイドライン再改定では、東・南シナ海での軍事活動を活発化させ、尖閣諸島の領有権主張を強める中国への対応を明確にする必要があるという問題意識が、日本側関係者の念頭にあったことは確実だ。[54]これに対し、米側の事情を記した資料は、国家安全保障会議（ＮＳＣ）アジア上級部長を務めたジェフリー・ベーダーの回顧録や国務次官補だったカート・キャンベルによるオバマ政権のアジア戦略を解説した著作などに限られている。[55]日本側の思惑が再改定を促した最大の要因であった公算が大きいが、現時点では公文書などで裏付けることはできない。

内容に関しては、日米軍事協力の地理的制約を排した上で、集団的自衛権の限定行使を前提に自衛隊による米軍支援を質的に強化し、宇宙・サイバー空間といった新たな領域での防衛協力にも着手するという、１５ガイドラインの意図は明瞭だ。[56]このうち、最大の変化である集団的自衛権の限定行使をめぐっては、少なくともそれを推進した安倍首相の胸中には、日米の双務性を高め「より対等な関係をつくりあげる」狙いがあった。[57]日本の主体性がまたも顔を出すのである。

ガイドラインの策定・改定の経緯とその内容を改めて検証してみると、いずれの場合も、日本の自主性向上に伴う日米同盟の非対称性の改善が志向されてきたことが分かる。日本は、一九七〇年代の限定小規模侵略独力対処、九〇年代の周辺事態協力と国際貢献、二〇一〇年代の集団的自衛権の限定行使という自主的取り組みを、ガイドラインを通じ、日米安保体制の文脈に落とし込んだ。

ガイドラインは、日本の自主性発露のメカニズムなのだ。

3　一国平和主義からの脱却

条約と国内法の間

ここまで、ガイドラインの歴史を振り返りながら、その背後に非対称性の改善という目的があったことを明らかにしてきた。しかし、ここに至ってもなお、ガイドラインの役割と機能の全貌とその重要性を把握するには、不十分と言わざるを得ない。ガイドラインを特殊な同盟管理メカニズムたらしめている大きな特徴に関する考察が欠けているためだ。

徳地はガイドラインの役割として、緊急事態対処のための日米間の計画検討作業の政策的枠組みの提示、日本の緊急事態対処体制の構築の触媒、日本の周辺諸国、特に中韓両国に対する戦略的コミュニケーションの手段、抑止力強化に向けた日米防衛協力の全体の枠組み、アジア太平洋の地域各国や国際機関などとのパートナーシップの指針――の五つを挙げた[58]。このうち、とりわけ特異なのは、緊急事態対処体制の構築の触媒という機能であろう。

日本有事に加えて周辺事態への対処を規定した97ガイドラインの策定後は、実効性確保のため周辺事態法が制定され、日本への武力攻撃に対応する米軍への支援を定めた米軍行動関連措置法を含む有事法制も整備された[59]。二〇一五年に終了したガイドライン再改定作業は、集団的自衛権の限定行使を柱とする「平和安全法制」の立案と一体的に進められた[60]。民主党の野田佳彦政権下の防衛相として再改定のきっかけをつくった森本敏は次のように解説している。

最後のガイドライン〔15ガイドライン〕というのは、はっきり言うと集団的自衛権の限定的容認を許容するために日米でガイドラインを見直して、このガイドラインに基づいて法整備する〔ためのものだった〕。日本の手法はいつもそうなんですよ。手法は逆なんですけども、日本は法整備ができないとガイドラインを実行できない。アメリカは何も法整備はいらない。〔中略〕だからガイドラインは、法律以上のガイドラインなんですよね。〔中略〕政治を動かすためのモメンタムというか、動機付けというか、政治力学をつくるために日本はガイドラインを使っていったんです。[61]

ガイドラインは、日米安保条約という国際約束と日本の国内法との間を埋める「法律以上」（森本）の存在という側面がある。[62] 本質的には日本ないし自衛隊がなすべきことを列挙したリストであり、政府はリスト履行のために立法措置を含む国内の体制整備を進める。ガイドラインは、それ自体の内容に加え、策定・改定後に法整備を含む日本の防衛政策の形成を誘発してきたからこそ、重要な位置を占めているのだ。

一方で、米側の視点では、ガイドラインに政治的に敏感な要素はほとんど見られない。米国防次官補（アジア・太平洋担当）としてガイドライン再改定の実務を担当したデービッド・シアーは語る。

ガイドラインは日本にとって、国民と国会に米日同盟の協力の範囲を知らせるという意味で、日本側にとって重要な国内政治上の目的を果たしてきた。その点で、米国に比して日本にとってのほうが重要だ。〔中略〕米議会は伝統的に、米日同盟の非対称的性格を懸念してきた。つまり、安保条約では、日本が米国を守らねばならないというより、日本を守るという米国の誓約のほうが強力だ。議会は、より均衡の取れた同盟関係に貢献するあらゆる決定を歓迎する。新ガイドライン〔15ガイドライン〕への議会の反応も肯定的だったと思う。[63]

元防衛省当局者は、「(米国は) そんな枠組み (ガイドライン) はなくたって、安保条約があるんだからやればいいじゃないか、という感じになっているから、なぜそれが必要かということについて、日本ほど切実に考えない。ああいう枠組みを何でつくらなければならないのかと。つくらないと何もできないのか、っていう感じ」と明け透けだ。[64] ガイドラインは、防衛政策の立案・遂行で憲法上の厳しい制約を受ける日本が、同盟の運用に当たり必要とする「極めて特殊な」(元防衛省当局者) 仕組みである。[65] 軍事的要請に応じて自由に軍隊という「人」を動かせる米国と、憲法により「人」の活動が制限される日本とでは、ガイドラインが持つ重みは格段に異なる。ガイドラインは、日米同盟の非対称性を象徴しているのだ。

制御装置として

理論によれば、ガイドラインは、安保環境の変化を受けた日本の見捨てられの恐怖の高まりによって起動し、日米安保条約という一般的合意の詳細を詰める同盟管理メカニズムだった。

しかし、見捨てられの不安を原因とする同盟管理が自主性の低下をもたらすという理論上の帰結は、現実に合致しない。むしろ日本は、ガイドラインの策定・改定を契機に国内体制を整備して自主性を向上させることで、日米同盟に固有の非対称性の改善に努めてきた。ガイドラインの策定・改定の背景に安保環境の変化があったことは確かだが、見捨てられの恐怖だけを軸にその誘因を説明しようとすると、同盟の実効性向上を目指した日米両政府の共同作業という側面を見落とすことになりかねない。

これらを総合すると、ガイドラインは「安保環境の変化に応じて、日米安保条約という一般合意を、日本が自主性を発露する形で政策上の枠組みに落とし込む触媒となる、日米間に特有の同盟管理メカニズム」と定義することができる。

注意すべきなのは、日本の自主性は、あくまで日米安保体制の枠組みに適合する範囲において発揮されてきた点だ。この場合、「自主（autonomy）」とは、米国からの自主独立というより、日米安保路線の中で必要とされる防衛政策を、自ら進んで立案・遂行することを意味する。

自衛隊は防勢作戦を、米軍は攻勢作戦を担うとした日米軍事協力の基本的構図は15ガイドラインに至るまで変わらず、従って、専守防衛という日本の防衛政策を前提にした日米安保体制の大枠も維持されてきた。逆説的だが、ガイドラインは日本を日米安保体制の枠組みにとどめる制御装置の役割を果たしてきたとも見なせるのだ。

前出のモローは、一八一五年から一九六五年の間に存在した一六四の軍事同盟を対象に統計分析を行い、非対称同盟は対称同盟より存続しやすい、対称・非対称にかかわらず当事各国の能力が変化すると同盟崩壊の可能性が高まる――といった結論を導き出した[66]。ただし、大国とより弱い国家との間の非対称同盟に関しては、弱体国家の能力が変化しても、その同盟に対する貢献は依然として大国に自立性を供与することにあるため、自立と安全の交換という同盟の取引の本質は変わらず、同盟自体もより長く続くとした[67]。

モローは非対称同盟の一般的特質を計量的手法で明らかにしたわけだが、日米同盟においては、ガイドラインは非対称同盟を長続きさせる仕掛けなのである。そして、この制御装置が更新されるたびに、日米安保体制の枠内における日本の自主的取り組みの範囲が広がると同時に、日米間の軍事協力も深化してきた。有り体に言えば、日米の軍事的一体化が進展してきた。

78ガイドラインは、「矛と盾」という米軍と自衛隊の役割分担を公式化し、米軍と自衛隊の共同訓練の活発化や海上自衛隊によるシーレーン防衛などにつながった。97ガイドラインは、日本有事にとどまらず、周辺事態での対米支援を明文化するとともに、国際安全保障領域での日米協力をうたった。15ガイドラインでは、集団的自衛権の限定行使という形で自衛隊による米軍支援・補完機能を大幅に拡充したほか、PKOや海賊対処などでの緊密な協力を含め、日米は地域・グローバルな平和、安定、経済的繁栄の基盤を提供するために主導的役割を果たすと宣言した。

日米の軍事的一体化と同盟深化という現象をどう評価するかは、評価の基準となる価値観によって異なる。日本の自主性発露の装置でありながら、米国の軍事・安保戦略との一体化を招くガイドラインを、無自覚のうちに平和主義の理念をないがしろにして軍事力強化の動きを加速させる元凶と捉える向きもあるだろう。対米従属を批判する立場からは、日本の自主性を米国の安保戦略の枠内にとどめる足かせということになろう。

一方で、ガイドラインによって日米同盟の射程と、日本が軍事領域において活動できる余地が広がり、既存の地域・国際秩序の安定に向けた日本の役割も大きくなってきた。ガイドラインが、一国平和主義的で内向きだった日本の安保政策の視野を日本周辺、さらには国際社会全体に向けさせる「窓」となってきたのもまた、事実なのである。

注

1 「日米防衛協力のための指針（2015.4.27）」（https://www.mod.go.jp/j/approach/anpo/alliguideline/shishin_20150427j.html）二〇一八年十二月七日閲覧。

2 「閣議及び閣僚懇談会議事録」二〇一五年五月八日（https://www.kantei.go.jp/jp/content/270508gijiroku.pdf）二〇一九年九月二十三日閲覧。

3 クリストファー・ジョンストンとの電話インタビュー（二〇二三年七月十九日）。

4 *The United States and the Republic of the Philippines Bilateral Defense Guidelines*（https://media.defense.gov/2023/May/03/2003214357/-1/-1/0/THE-UNITED-STATES-AND-THE-REPUBLIC-OF-THE-PHILIPPINES-BILATERAL-DEFENSE-GUIDELINES.PDF）二〇二三年十一月十一日閲覧。

5 Felix K. Chang, "America and the Philippines Update Defense Guidelines," *Foreign Policy Research Institute*, May 24, 2023（https://www.fpri.org/article/2023/05/america-and-the-philippines-update-defense-guidelines/）二〇

二三年十一月十一日閲覧。

6　デービッド・シアーとの電話インタビュー（二〇一九年九月十二日）。

7　Michael Mandelbaum, *The Nuclear Revolution: International Politics before and after Hiroshima* (Cambridge: Cambridge University Press, 1981) p. 151.

8　Glenn H. Snyder, *Alliance Politics*（Ithaca and London: Cornell University Press, 1997）pp. 19–20.

9　Lionel P. Fatton and Oreste Foppiani, *Japan's Awakening: Moving toward an Autonomous Security Policy* (Bern: Peter Lang, 2019) pp. 82-87.

10　Ibid., pp. 87-89.

11　土山實男『安全保障の国際政治学——焦りと傲り　第二版』（有斐閣、二〇一四年）二九八頁。川上高司『米軍の前方展開と日米同盟』（同文舘出版、二〇〇四年）二八一頁。

12　前掲『米軍の前方展開と日米同盟』二八一頁。

13　Fatton and Foppiani, *Japan's Awakening: Moving toward an Autonomous Security Policy*, p. 100.

14　Ibid., pp. 69–110.

15　James L. Schoff, *Uncommon Alliance for the Common Good: The United States and Japan After the Cold War* (Washington, D.C.: Carnegie Endowment for International Peace Publications Department, 2017) p. 128.

16　Snyder, *Alliance Politics*, p. 3.

17　Ibid., pp. 165–166.

18　Ibid.

19　Ibid., p. 178.

20　Ibid., p. 178.

21　Ibid., p. 166.

22 Ibid., pp. 178-179.
23 坂元一哉『日米同盟の絆——安保条約と相互性の模索 増補版』(有斐閣、二〇二〇年) iiiおよび六三頁。
24 『防衛白書 昭和52年版』(http://www.clearing.mod.go.jp/hakusho_data/1977/w1977_03.html) 二〇一九年九月十七日閲覧。
25 「丸山昂氏インタビュー 1996年4月12日」The National Security Archive, The U.S.-Japan Project, Oral History Program (https://nsarchive2.gwu.edu//japan/maruyama.pdf) 二〇一九年九月二十二日閲覧。
26 Robert Jervis, "Cooperation Under the Security Dilemma," *World Politics*, Vol. 30, No. 2 (January, 1978) pp.169-170, p. 186.
27 遠藤誠治「共通の安全保障は可能か——「日本の安全保障」を考える視座」遠藤誠治、遠藤乾編『シリーズ 日本の安全保障1 安全保障とは何か』(岩波書店、二〇一四年) 二八二頁。前掲『安全保障の国際政治学』一〇八—一〇九頁。
28 前掲「共通の安全保障は可能か」二八三—二八四頁。
29 Jervis, "Cooperation Under the Security Dilemma," p. 181.
30 徳地秀士「「日米防衛協力のための指針」からみた同盟関係——「指針」の役割の変化を中心として」国際安全保障学会編『国際安全保障』第四四巻第一号 (二〇一六年六月) 一七頁。
31 秋山昌廣『日米の戦略対話が始まった』(亜紀書房、二〇〇二年) 二四八頁。
32 同右、一八頁。
33 同右、二五三頁。
34 同右、二四八—二四九頁。
35 『防衛白書——日本の防衛 令和5年版』(https://www.mod.go.jp/j/press/wp/wp2023/pdf/R05zenpen.pdf) 六〇頁 (二〇二三年十一月十八日閲覧)。

36　Snyder, *Alliance Politics*, p. 23.
37　James D. Morrow, "Alliances and Asymmetry: An Alternative to the Capability Aggregation Model of Alliances," *American Journal of Political Science*, Vol. 35, No. 4 (November, 1991), p. 905.
38　Ibid., p. 905.
39　Ibid., pp. 910-911.
40　前掲「丸山昴氏インタビュー」。
41　田中明彦『20世紀の日本2　安全保障――戦後50年の模索』（読売新聞社、一九九七年）二八一頁。
42　梅林宏道『在日米軍――変貌する日米安保体制』（岩波新書、二〇一七年）三四―三五頁。吉次公介『日米安保体制史』（岩波新書、二〇一八年）一〇三頁。吉田真吾『日米同盟の制度化』（名古屋大学出版会、二〇一二年）二八一頁。
43　佐道明広『戦後日本の防衛と政治』（吉川弘文館、二〇〇三年）二八六―三〇二頁。
44　「昭和52年度以降に係る防衛計画の大綱」一九七六年十月二十九日、データベース「世界と日本」（https://worldjpn.net/documents/texts/docs/19761029.O1J.html）二〇二三年三月二十六日閲覧。「旧「日米防衛協力のための指針」」（https://www.mod.go.jp/j/approach/anpo/alliguideline/sisin78.html）二〇一九年九月二十日閲覧。
45　前掲『戦後日本の防衛と政治』二七七頁。
46　前掲『日米同盟の制度化』二三五―二八七頁。
47　同右、二五五頁。
48　同右、二八六頁。
49　一連の経緯については、船橋洋一『同盟漂流』下（岩波現代文庫、二〇〇六年）第十一章および第十二章、三一―一〇二頁。

50 秋山昌廣（真田尚剛、服部龍二、小林義之編）『元防衛事務次官 秋山昌廣回顧録――冷戦後の安全保障と防衛交流』（吉田書店、二〇一八年）一六一頁。
51 「日米防衛協力のための指針」一九九七年九月二十三日（https://www.mod.go.jp/j/presiding/treaty/sisin/sisin.html）二〇一九年九月二十日閲覧。
52 同右。
53 前掲『日米安保体制史』一五三頁。
54 岩﨑茂とのインタビュー（二〇一九年四月一日、東京）。Sheila A. Smith, *Japan Rearmed: The Politics of Military Power* (Cambridge, MA and London: Harvard University Press, 2019) pp. 197-198.; Schoff, *Uncommon Alliance for the Common Good: The United States and Japan After the Cold War*, p. 128.
55 Jeffrey A. Bader, *Obama and China's Rise: An Insiders Account of America's Asia Strategy* (Washington, D. C.: Brookings Institution Press, 2012). カート・M・キャンベル（村井浩紀訳）『THE PIVOT――アメリカのアジア・シフト』（日本経済新聞出版社、二〇一七年）。
56 前掲「日米防衛協力のための指針（2015.4.27）」二〇一九年九月二十一日閲覧。再改定ガイドラインの逐条解説については、朝雲新聞社出版業務部編、西原正監修『わかる平和安全法制――日本と世界の平和のために果たす自衛隊の役割』七七－九三頁を見よ。
57 安倍晋三『新しい国へ――美しい国へ 完全版』（文春新書、二〇一三年）一三五頁。
58 前掲「「日米防衛協力のための指針」からみた同盟関係」一七頁および二二三－二二五頁。
59 同右、一七頁。
60 同右、二二三頁。
61 森本敏とのインタビュー（二〇一九年二月六日、東京）。
62 同右。

63　前掲、シアーとの電話インタビュー。
64　元防衛省当局者とのインタビュー（二〇一八年十一月八日、東京）。
65　同右。
66　Morrow, "Alliances and Asymmetry: An Alternative to the Capability Aggregation Model of Alliances," p. 930.
67　Ibid., p. 918.

終章　対米対等と新たな自己の発見

ダレス国務長官（右）、ニクソン副大統領（左）と重光葵外相の日米会談（1955年８月、写真提供：時事通信社）

重光、岸、安倍

一九五五（昭和三十）年八月、鳩山一郎政権の外相だった重光葵は、米首都ワシントンの国務省庁舎を訪れた。第二次大戦中に霧がよく立ち込めるポトマック河畔の低地に建てられたことから、今に至るまで「霧の底（フォギー・ボトム）」の俗称で呼ばれる庁舎である。

国際政治学者の坂元一哉《さかもとかずや》の説明によると、重光の目的は、「国民の独立心を傷つけ、日本の保守政治を不安定にし、日米協調発展の妨げになる」旧日米安保条約の改定を申し入れることだった。[1]米軍の日本駐留のみを定め、実質的には「駐軍協定」だった旧安保条約を「不平等条約」と見なす重光は、ジョン・フォスター・ダレス国務長官と相対すると、条約を「相互主義を基礎とする対等者間の同盟」に切り替えるよう提案した。[2]

重光が提起したのは、「西太平洋」の双方の領土や施政権下にある地域が第三国から攻撃を受けた場合、憲法上の手続きに従い、共通の危険に対応する行動を取るとの規定を含んだ条約だった。[3]米・オーストラリア・ニュージーランド間のアンザス条約や、米・フィリピン、米韓、米・中華民国間の相互防衛条約に倣った、集団的自衛権に基づく日米相互防衛条約に他ならない。

明治末に外務省に任官した重光は、連合国への降伏文書調印まで三〇年以上にわたり、「帝国の外交官」として日本を背負ってきた。右脚の義足を引きずるようにして東京湾に停泊していた米軍の戦艦「ミズーリ」のタラップを上り、降伏文書に署名してから、ちょうど一〇年が経過していた。日本の自衛力整備と憲法改正がない限り「真面目に交渉する時期ではない」[4]とにべもないダレスに、重光は対等な日米関係確立のためだと食い下がった。

重光　日本国民は何故日本が不平等でなければならないか了解しかねている。

ダレス　現憲法下において相互防衛条約が可能であるか。日本は米国を守ることが出来るか。たとえばグワムが攻撃された場合はどうか。

重光　自衛が目的でなければならないが兵力の使用につき協議出来る。

ダレス　それは全く新しい話である。日本が協議に依って海外出兵出来ると云う事は知らなかった。

重光　日本は海外出兵についても自衛である限り協議することは出来る。われわれの希望は平等の立場で米国とパートナーとなる事である。我々は平等を欲す。

緊張したやり取りを同じ部屋の中で聞き、ダレスの「木で鼻をくくったような、全く相手にしない態度」[5]に衝撃を受けたのが、鳩山政権の与党・日本民主党の幹事長として同席していた岸信介である。

重光・ダレス会談から約一年半後に首相に就任した岸は、独立自衛と駐留米軍の全面撤退を望むナショナリストであったと同時に、短期的にはそれが非現実的だと認識していたリアリストでもあった。[6] 岸は、旧日米安保条約を改めるに当たり、対等な相互防衛をあきらめ、米国に対する基地提供義務に加え、米国の日本防衛義務を明文化して日米の双務関係を明確にする道を選んだ。

岸の後を襲った池田勇人は、「国民所得倍増計画」を掲げ、防衛・安全保障問題は政治の焦点から外れていった。サンフランシスコ平和条約と旧日米安保条約を結んだ吉田茂が敷いた、軽武装・経済重視の「吉田路線」は、池田政権下で準拠すべき政策指針として定着し、[7] 国家の自主独立を強調する「重光的」な発想は、時代の潮流から取り残されていった。米軍の駐留を認める代わりに日本防衛の責任を担わせる一方で、防衛費を抑制し経済的繁栄と国民生活の向上という果実を享受する吉田路線は、リアリズムの極致ではあるだろう。

岸の血を引く安倍晋三も、ナショナリストであり、リアリストであった。「殺されてもかまわない」と思わせるまで岸を追い詰めた六〇年安保騒動の中、[8] 幼稚園児だった安倍は渋谷・南平台の岸の自宅で、塀の外のシュプレヒコールを真似て「アンポ、ハンタイ」と叫び座敷を駆け回っていた。[9]「総理の孫」として育った安倍は、[10] 長じて「安全保障を他国にまかせ、経済を優先させることで〔中略〕精神的には失ったものも、大きかったのではないか」という疑問を抱きつつ、「核抑止力や極東地域の安定を考えるなら、米国との同盟は不可欠であり〔中略〕日米同盟はベストの選択なのである」という結論に行き着く。[11] 祖父から受け継いだ、自立・自主への衝動とリアリズムの混合である。

「真に歴史的な文書」

その安倍は、岸がダレスの冷笑を浴びてから六〇年後の二〇一五年四月二十九日、日本の首相として米政治の中枢である首都ワシントンの連邦議会議事堂で演説に臨んだ。

米国が世界に与える最良の資産、それは、昔も、今も、将来も、希望であった、希望である、希望でなくてはなりません。米国国民を代表する皆様。私たちの同盟を、『希望の同盟』と呼びましょう。[12]

「希望の同盟」は、安倍自身が考案したキーワードで、内閣官房参与だった谷口智彦《たにぐちともひこ》がこれを織り込んで演説原稿を執筆した。安倍は、谷口が音読したカセットテープを教材に風呂場で英語演説の練習に励んだと明かしている。[13]

安倍がこれほど力を入れたのは、演説が特別の機会だったからだ。五八年前、岸も米議会の上院と下院でそれぞれ演説を行ったが、上下両院合同会議の演壇に立った日本の首相は、安倍が初めてだったのである。[14] 傍聴席には、一九四五年の硫黄島の戦いに参加した元米海兵隊のローレンス・スノーデン中将や、硫黄島守備隊の司令官だった栗林忠道《くりばやしただみち》陸軍大将の孫の衆議院議員、新藤義孝《しんどうよしたか》もいた。

安倍は岸演説を意識し、その肉声テープを繰り返し聞いていた。[15] 米ソ冷戦のさなかだった一九五七年六月、安保改定を目指していた岸は演説で、「自由世界の忠実な一員」として反共の役割を果

米議会上下両院合同会議で演説する安倍首相　後方左はバイデン副大統領、右はベイナー下院議（2015年4月29日、写真提供：EPA＝時事）

たすと表明し、ドワイト・アイゼンハワー大統領との会談を機に「日米関係の新時代が開かれる」と訴えた。[16]

一方、安倍の狙いは、米国の一部にくすぶっていた「歴史修正主義者」という自身に対する懸念の払拭だった。[17]安倍は「歴史的」と喧伝された演説で、[18]第二次大戦中の日本の行動への「深い悔悟」や「先の大戦に対する痛切な反省」を口にした。ただ、「お詫び」の一語はない。米国に根強い過去の日本への反感を意識しつつ、歴史問題で謝罪を繰り返すべきではないとの自身の信条と折り合いをつけた表現だった。

安倍はさらに、日米の和解と協力の道筋を振り返り、次のように述べた。

> 日米がそのもてる力をよく合わせられるようにする仕組みができました。一層確実な平和を築くのに必要な枠組みです。それこそが、日米防衛協力の新しいガイドラインにほかなりません。昨日、オバマ大統領と私は、その意義について、互いに認め合いました。皆様、私たちは、真に歴史的な

文書に、合意をしたのです。

日米両政府が日米安全保障協議委員会（2プラス2）で、新たな「日米防衛協力のための指針」（15ガイドライン）を承認したのは、演説の二日前のことだ。日米両政府に「立法上、予算上、行政上又はその他の措置をとることを義務付ける」ものでも「法的権利又は義務を生じさせるもの」でもない[19]、つまり法的拘束力を持たない政策合意にすぎないガイドラインを、安倍は戦後七〇年の日米の歩みと「希望の同盟」を象徴する「真に歴史的な文書」に位置付けた。

「物と人」から「人と人」へ

安倍が晴れ舞台に花を添える材料として、直近の日米間の外交的成果を持ち出しただけだと切り捨てることはできない。

ガイドラインは、一九七八年に策定されて以来、日本防衛を目的とした自衛隊と米軍の軍事協力の運用政策のみならず、日本の安全保障の基盤である日米安保体制の最重要文書の一つとして、防衛政策全般に多大な影響を及ぼしてきた。ガイドラインの歴史は、日米安保体制が安保環境の変化への適応を繰り返しながら、軍事協力を基調とした「同盟」の色彩を強めていく過程と重なる。

日本は一連の展開の中で、米国に基地（物）を貸して米軍という軍隊（人）の提供を受けて自国の安全保障をまっとうする、「物と人との協力」という構造を修正しようと試みてきた。[20] この構造は、日米とも果たすべき義務を負うという意味で相互的だが、義務の内容は同じではないという点で非対称的だ。日本は、ガイドライン路線ないし同盟路線の進展を通じて自主・主体性を発揮し、米軍との協力関係を「物と人」から「人と人」という、より対称的な構造に変えようと努めてきたのだ。

米軍のアジア撤退とデタントなどの国際情勢の変化を背景に一九七八年に策定されたガイドライン（78ガイドライン）は、自主防衛論の残滓《ざんし》とも言える「限定小規模侵略独力対処」を明記した。策定後には、日本の自主的取り組みは、一〇〇〇海里シーレーン防衛など対米協力の強化という形で具体化した。

冷戦終結と「同盟漂流」、第一次朝鮮半島核危機を受けて改定されたガイドライン（97ガイドライン）は、周辺事態における対米支援に加え、国際安全保障領域での日米協力を打ち出し、国際貢献への意欲という日本の新たな自主性を取り込んだ。97ガイドラインは、周辺事態法の整備につながった上、日本は二〇〇〇年代に入り、本質的に「国際安全保障の問題」であったイラク復興支援活動などに参加した。[21]

民主党政権下で傷ついた対米関係の改善と中国の台頭を背景に誕生した15ガイドラインは、日本の自主性の発露である集団的自衛権の限定行使容認を織り込み、「平和安全法制」と一体的に内容が詰められた。

ただ、15ガイドラインに至っても、重要影響事態や日本有事における「米軍は矛、自衛隊は盾」という役割分担、つまり、日米安保体制と一体の専守防衛の原則は崩れなかった。[22] 集団的自衛権の限定行使容認は、日本の戦後の安保政策の文脈では歴史的だが、それによって日本ができることは、英国をはじめとする西欧の米同盟各国に比べると、はるかにつつましい。日米安保体制は、安保環境の変化に適応できるだけの柔軟性を有する一方で、「非対称的な相互性」というその性格もまた、強固である。

あり得ぬ同盟破棄

ガイドラインは、こうした日米安保体制の下で、安保環境の変化に応じ日米同盟を管理するツールであり、日本の自主性を発揮するための日米同盟に特有のメカニズムとして機能してきた。日米安保体制下で遂行できる日本の軍事活動はガイドラインによって定義され、日本の自主性は、専守防衛の枠内に収まる軍事的役割の拡大として顕現した。その結果、日本は憲法第九条の規定にもかかわらず、東アジア、ひいては国際社会の安定維持に向けより大きな役割を担うようになった。

これは、米国に押し付けられた結果ではない。ガイドラインの策定と改定、再改定は、いずれも日本の発意が重要な契機となっており[23]、とりわけ二〇一五年の再改定では、民主党政権から自公政権に代わった後、集団的自衛権の限定行使容認を反映した内容にするべく日本側が議論を主導した。

軍事的観点からは、専守防衛では説明できない兵器体系の保有を明言せざるを得ない状況が生じた時、日米安保体制は抜本的な質的変化のプロセスに入るだろう。この点で、核拡散防止条約（NPT）の批准（一九七六年）と、ガイドライン策定（七八年）を含む日米同盟の制度化進展の時期が近接しているのは、偶然とは受け取り難い。日本にとって、米英仏ロ中以外の核兵器保有を禁じた

ＮＰＴへの参加は、究極の破壊力を持つ核兵器の独自開発と保持、すなわち米軍の存在を当てにしない自己完結型の懲罰的抑止力の整備という政策の放棄を意味したであろうからだ。

国家間の権力政治の次元では、核武装の可能性を将来にわたって否定するという日本の選択は、当然でも自明でもない。例えば、一九七〇年のＮＰＴ署名から批准までの狭間に当たる七二年一月六日、リチャード・ニクソン米大統領が「西のホワイトハウス」と呼ばれたカリフォルニア州サンクレメンテの大統領別邸で佐藤栄作首相と会談した際、次のようなやりとりがあった。

ニクソン　日本が近隣諸国に中・ソという二大核保有国を持っているところに非常に大きな問題がある。日本の自衛力が向こう十五乃至《ないし》二十年において、もし裸の状態のままであれば、それは日本にとって耐えがたい立場に追い込まれることになろう。その場合、安保条約は日米双方にとって非常に重要な意味を持つことになる。今後日本において、その強力な隣国をdeter〔抑止〕する何等かの途を持たぬ限り、日本はこれら隣国に屈するか、然らざれば自己の防衛力を核を含め増強するかの好ましからざる選択を迫られることとなろう。

佐藤　日本は非核三原則という政策をとり、国会でも決議が成立しているが、日本は安保条約の範囲内で米の核の抑止力の利益をうけることを希望している。[24]

ニクソンと佐藤は翌七日も会談を続けた。ＮＰＴ批准に向けた日本の動きが停滞していることに対する米側の反応を気にしていたのか、佐藤が「ＮＰＴについては急いでいるのか」と水を向けると、ニクソンはいかにも権謀術数に長けた政治家らしい発言で応じた。

個人的に申し上げるならば、日本としてはどうぞ時間をかけられてはどうかということである。批准しないことによって仮想敵国に気をもませるようにしてはどうだろうか。日本がその反対者をworry〔心配〕させることは日本のアジア乃至は世界における地位は強化されると思う。外交的には、近隣諸国をして日本が何をするか判らぬと思わせておいたほうがよいのではないか。[25]

佐藤は「核兵器については日本人は大きな憎しみを持っている。自分は広島の原爆記念館を訪れたはじめての総理であるが、そこの被災資料をみて原爆のおそるべきものであることを強く感じた」と答え、国民が共有する強い反核感情について縷々《るる》説明した。[26]

この会談はニクソン訪中の約一ヵ月半前に行われた。ニクソンには、安保分野で同盟各国に自助努力を促す「ニクソン・ドクトリン」の発想に加え、頭越しの対中和解に当惑していた日本への配慮もあっただろう。一方で、会談の前年、一九七一年十一月の時点で日本で非核三原則の遵守をうたった衆議院決議が可決されていたにもかかわらず、ニクソンは、米国の核の傘抜きとなれば、日本が核武装を目指す未来もあり得るとも考えていたのではないか。

ニクソンの直観は仮定のシナリオにとどまり、米国の核の傘への日本の依存は続いている。オバマ政権発足直後の二〇〇九年二月、駐米公使だった秋葉《あきば》剛男《たけお》は米国の核態勢に関する米議会諮問委員会の会合で、「日本を取り巻く現在の安全保障環境は、米国の核抑止を含む抑止を必要としている」「米国が配備する戦略核弾頭の一方的な削減は、日本の安全保障に悪影響をもたらしうる」との見解を記した文書を示したとされる。[27]

「核なき世界」の理想を掲げたオバマ政権への日本の警戒が消えることはなかった。政権末期に米政府内で核攻撃に反撃する場合以外は核兵器を使用しないと表明する「核の先制不使用」宣言が検討された際、安倍がハリー・ハリス太平洋軍司令官に、北朝鮮などに対する抑止力を低下させるとして懸念を伝えたとも報じられた。[28]米国の核の傘に頼っている現状がある以上、日本にとって米国との同盟の破棄は、まったく非合理的なのである。

ミサイル防衛重視の「反撃能力」

ただ、通常兵器でも、他国領域内の目標に対する打撃力の保持は、専守防衛の原則や、専守防衛を前提に構築されてきた日米安保体制との整合性を問われることになる。15ガイドライン策定に至る日米協議の時点でも、ミサイル攻撃が発生した場合に発射能力を減殺する目的で敵基地をたたく「策源地攻撃能力」ないし「敵基地攻撃能力」の保有をめぐる論議がくすぶっていた。[29]敵基地攻撃能力の獲得は日米の役割分担の修正を迫るだけに、「当然アメリカと調整」する必要があるが、[30]15ガイドライン策定時の防衛相だった中谷元は米側と話し合ったことはないと証言し、[31]統合幕僚長だった河野克俊も「具体的にアメリカとの間で調整したということはない」と断言した。[32]

それから七年以上を経た二〇二二年十二月、岸田文雄政権は新たな「国家安全保障戦略」と「国家防衛戦略」、「防衛力整備計画」の安保関連三文書を閣議決定し、敵基地攻撃能力から名称を改めた「反撃能力」の保有を打ち出した。米政府・軍関係者の間では、反撃能力の整備により、「自衛隊は「盾」から「剣」に変わる」と期待する声もある。強力な戦力投射能力を維持する米軍は依然、敵領域での打撃作戦の主軸を担うが、自衛隊も手が届く範囲の相手なら殺傷可能な「剣」程度の打撃力を手に入れ、米軍の「矛」を補完するという解釈だろう。

国家安保戦略と国防戦略の両文書はまた、「相手の能力に着目」した防衛力の整備をうたい、[33]脅威対抗戦略である点を明確にした上で、防衛費を二〇二七年度に研究開発など関連経費と合わせ国内総生産（GDP）比二%に引き上げると表明した。[34]一九七六年に設定された防衛費の「GNP一%枠」は、八七年に中曽根康弘政権が廃止したものの、[35]七六年度以降、当初予算中で防衛費が一%を超えたのは八七〜八九年度と二〇一〇年度のみにとどまっていた。[36]このことに鑑みると、二%への引き上げはいかにも重大な印象を与える。

両文書はさらに、侵攻を受けた場合に日本自身が「主たる責任をもって対処」し、「同盟国等の支援を受けつつ、これを阻止・排除する」という防衛目標も掲げた。[37]「自主防衛を中軸に日米安保体制をもって補完する」とした、中曽根がかつて唱えた防衛構想と同質の響きがある。[38]

安保関連三文書は、防衛力の質の強化と同時に、国防に割く資源を大幅に増やす方針を大胆に示したという点で、日本の防衛政策の一つの節目であろう。しかし、政府が三文書で打ち出した各種の措置はなお、現行憲法を前提とした日米安保体制を基盤とする既存政策の発展にとどまっている点に留意する必要がある。

まず、巡航ミサイル「トマホーク」や、相手の射程圏外から攻撃できる「スタンド・オフ・ミサイル」を柱とする反撃能力は、従来の政府見解と矛盾するものではない。例えば、一九九九年八月、当時の野呂田芳成《のろたほうせい》防衛庁長官は、国会で次のように答弁している。

〔敵のミサイル攻撃に対する防御として〕他に手段が無い場合に、敵基地を直接攻撃するための必要最小限度の能力を保持することも法律上は許されると私どもも考えております。このような、憲法上その保持が許される自衛のための必要最小限度の能力を保有することは、専守防衛に反するものではない、こういうふうに考えております。[39]

国家安保戦略と国防戦略も、反撃能力について、「弾道ミサイル等」による攻撃を防ぐのにやむを得ない「必要最小限度の自衛の措置」として、相手国領域内で打撃を加える能力と定義している。[40]スタンド・オフ防衛能力は性能上、ミサイル発射基地にとどまらない広範な地上固定目標なども攻撃できるはずだ。ところが岸田政権は、憲法上の制約と専守防衛に留意した従来の政府見解に適合させるため、反撃能力を弾道ミサイル対処を主目的とした「必要最小限度」の自衛力と定義したように見える。

反撃能力をめぐっては、その運用で米軍との連携が不可欠となることから、日本の自立性を高めるのではなく、むしろ日米の軍事的一体化を新たな段階に導くと指摘する向きすらある。[41]加えて、三文書は、「拡大抑止の提供を含む日米同盟」を日本の安保政策の「基軸」と位置付け、[42]防衛力の抜本的強化により日米同盟の抑止力・対処力を一層強めるという方針と、「日米共同の統合的な抑止力」の向上や対日侵攻の際の日米共同対処を明記している。反撃能力の保有を柱とした新たな安保・防衛政策は、日米安保体制の強化という従来の路線の延長上にあるのである。

政府が三文書の決定に合わせたガイドラインの再々改定を事実上、見送ったことも、このことを示唆している。岸田自身が新たな国家安全保障戦略などを「安保政策の大きな転換点」としている以上、ガイドラインも併せて見直すべきだという声が出て当然である一方、再々改定のためのハイレベルな日米協議に要する政治的コストは高くつくとの指摘もある。[44] 反撃能力の保有と自衛隊の継戦能力の向上という三文書の核心が、既存の日米安保路線の枠内に収まっている以上、多大なコストをかけて再々改定を優先する必要はないと岸田政権は判断したのだろう。

日本の防衛政策として理論上あり得る最も劇的な転換とは、対米同盟を維持しつつ、軍事力の行使に関する現行憲法の制約を取り払って専守防衛を放棄することである。これにより、米国との関係で集団的自衛権の完全な行使が可能となり、「人と人との協力」に基づく「対米対等」を相当程度、達成できる。だが、日本はこれまでのところ、米国の核の傘を前提に、現行の日米同盟の枠組みを強化、発展させる道を歩んできた。三文書も、この方向性と一致しているのである。

アイデンティティーの再構築

日米安保体制はなぜかくも堅固なのか。米軍に依存することで軍事に割く資源を節約し、経済の安定を図る路線は、戦前の軍国主義に対する悔悟の裏返しである反軍主義の世論と、国民生活の向上という現実の利益の双方に合致していたということかもしれない。また、戦争に直結しかねない大きな安保環境の変化や脅威に、日本が直面してこなかっただけだという議論も成り立つ。例えば、日本防衛の義務を履行する米国の意思に深刻な疑義が生じると同時に、中国による台湾侵攻の可能性が極度に高まるといったシナリオだ。

さらに、安保情勢に対応した抑止力の構築という外在的・軍事的動機だけでは、安保政策の抜本的転換をもたらす内在的・政治的エネルギーをもたらすには不十分だという説明も可能だ。日本はいまや、民主主義や自由経済、人権といった価値観の擁護に不可欠なものとして、日米同盟を「そこにあるべきもの」と捉えているようにすら、言い換えれば、日米同盟を内面化・規範化しつつあるようにすら見えるからだ。

しかし、日米安保体制が今の姿のままであるなら、この体制が内包する日米間の非対称性もまた、存続する。従って、日本の外交・安保政策が米国のそれに引き回される構図は変わらない。

非対称性を完全に解消することは不可能であろうが、前述したように、集団的自衛権の全面行使解禁などによって、非対称性を大幅に緩和し、米国の意向に左右される度合いを下げることはできる。こうした変革をもたらすには、何が求められるのか。

吉田茂がかつて唱えた、国家としての「アムール・プロプル」(自尊心)の充足を持ち出しても[45]、もはや国民の多数の共感は得られないであろう。日本としてどういった地域・世界秩序像を描き、その実現のためにどのように国力を用いていくかを問う必要がある。つまり、日本が軍事面を含め国際社会で果たすべき自らの役割の再定義、いわばアイデンティティーを再構築しない限り、現行路線からの転換はないのではないか。裏返せば、日本が新たな自己実現に向け自主性を発露する瞬間こそ、ポスト日米安保体制と形容し得る枠組みへの転換に向けた第一歩になる可能性がある。

一方で、今に至るまで日米安保体制は決定的な綻びを見せず、比較的少ない負担で日本の安全を保障してきた。少子高齢化に悩み、強みであった経済に関し明るい展望を描けない日本にとって、これまでうまく機能してきた基本方針を、あえて変える必要があるのか。軍事力に基づく抑止とは、実際に軍事力を行使する覚悟を伴ってはじめて実効性を持つ。自衛隊員が、若い世代の国民が、戦場に立つことになるかもしれないというリアルな意識を、われわれは共有できるのか。

いずれにせよ、日本の安全を保障してきた米国は、相対的な国力の低下に見舞われている。オバマ大統領は、かつて「米国は世界の警察官ではない」と述べ[46]、トランプ大統領も同様の発言を繰り返した[47]。米国が対日防衛義務の履行に割くことができる資源の減少という傾向は、止まらないだろう。

「警察官」のいない国際社会で、どう秩序を維持していくのか。古典的な問いへの回答を模索し続ける必要がある中で、日米安保体制・日米同盟の維持を検証もせずに自己目的化してはならない。日本は、あるべき国際秩序のビジョンとそこにおける自己の立場と役割を、現憲法の墨守や対米対等の実現といった既存の発想を超えて見直していくべきだ。その上で、国民自身が未来のための選択を下さなければならないのだ。

注

1 坂元一哉『日米同盟の絆――安保条約と相互性の模索 増補版』(有斐閣、二〇二〇年)一四一頁。
2 「外務大臣 国務長官会談メモ(第一回)」(一九五五年八月二十九日)外務省記録「重光外務大臣訪米関係一件 重光・ダレス会談」A'.1.5.2.3-5、外務省外交史料館。
3 「外務大臣 国務長官会談メモ(第二回)」(一九五五年八月三十日)外務省記録「重光外務大臣訪米関係一件 重光・ダレス会談」A'.1.5.2.3-5、外務省外交史料館。
4 同右。以下、本文中のダレスと重光のやり取りは本資料からの抜粋。必要に応じて略しているが、煩雑になるので中略箇所は明記しない。表記は原文ママ。
5 岸信介『岸信介回顧録――保守合同と安保改定』(廣済堂出版、一九八三年)二〇五頁。
6 前掲『日米同盟の絆』一八五頁。
7 中島信吾『戦後日本の防衛政策――「吉田路線」をめぐる政治・外交・軍事』(慶應義塾大学出版会、二〇〇六年)一九五―二〇〇頁。
8 前掲『岸信介回顧録』五六三頁。
9 安倍洋子『宿命――安倍晋三、安倍晋太郎、岸信介を語る』(文藝春秋、二〇二三年)一〇八頁。
10 同右、一八二頁。
11 安倍晋三『新しい国へ――美しい国へ 完全版』(文春新書、二〇一三年)一三二―一三三頁。
12 米国連邦議会上下両院合同会議における安倍総理大臣演説「希望の同盟へ」(二〇一五年四月二十九日〔米国東部時間〕)」(https://www.mofa.go.jp/mofaj/na/na1/us/page4_001149.html)二〇二四年一月二十五日閲覧。
13 安倍晋三『安倍晋三 回顧録』(中央公論新社、二〇二三年)一五七頁。
14 『朝日新聞』二〇一五年四月三十日。
15 『読売新聞』二〇一九年十一月二十一日。

16 同右、一九五七年六月二十一日。

17 同右、二〇一五年四月二十五日。

18 Michael Mathes, Andrew Beatty, "Japan PM to make 'historic' US Congress address," *AFP*, March 27, 2015 (https://sg.news.yahoo.com/japan-pm-abe-invited-address-us-congress-april-170927119.html) 二〇二四年一月二十五日閲覧。

19 「日米防衛協力のための指針（2015.4.27）」(http://www.mod.go.jp/j/approach/anpo/shishin/shishin_20150427j.html) 二〇一八年十一月二十七日閲覧。

20 西村熊雄「安全保障条約論」西村『シリーズ戦後史の証言　占領と講和⑦　サンフランシスコ平和条約・日米安保条約』（中公文庫、一九九九年）四七―四八頁。前掲『日米同盟の絆』iii〜iv頁。

21 添谷芳秀『安全保障を問いなおす――「九条―安保体制」を越えて』（ＮＨＫブックス、二〇一六年）二三三頁。

22 河野克俊とのインタビュー（二〇一九年十一月十一日、東京）。

23 徳地秀士「「日米防衛協力のための指針」からみた同盟関係――「指針」の役割の変化を中心として」国際安全保障学会編『国際安全保障』第四四巻第一号（二〇一六年六月）一一頁。田中均『外交の力』（日本経済新聞出版社、二〇〇九年）九一頁。

24 「佐藤総理とニクソン大統領との会談要旨」（一九七二年一月六日）戦後外交記録「日米司法協力／ロッキード事件（グラマン社問題）」2019-0560、外務省外交史料館。必要に応じ略しているが、煩雑になるので略した箇所は明記しない。表記は原文ママ。

25 「総理と大統領との第2回会談要旨」戦後外交記録「日米司法協力／ロッキード事件（グラマン社問題）」2019-0560、外務省外交史料館。必要に応じ略しているが、煩雑になるので略した箇所は明記しない。表記は原文ママ。

26 同右。

27 『朝日新聞』二〇二〇年四月三十日。

28 Josh Rogin, "U.S. allies unite to block Obama's nuclear 'legacy'," *The Washington Post*, August 14, 2016（https://www.washingtonpost.com/opinions/global-opinions/allies-unite-to-block-an-obama-legacy/2016/08/14/cdb8d8e4-60b9-11e6-8e45-477372e89d78_story.html）二〇二〇年六月二十八日閲覧。ただし、安倍は報道を全面的に否定している（『朝日新聞』二〇一六年八月二十一日、『読売新聞』二〇一六年八月二十一日）。

29 「新「防衛計画の大綱」策定に係る提言（「防衛を取り戻す」）」二〇一三年六月四日、六および八頁（https://www.jimin.jp/policy/policy_topics/pdf/pdf106_2_1.pdf）二〇二二年十二月二十五日閲覧。

30 前掲、河野克俊とのインタビュー。

31 中谷元とのインタビュー（二〇一九年八月二十一日、東京）。

32 前掲、河野克俊とのインタビュー。

33 「国家安全保障戦略について」二〇二二年十二月十六日（https://www.mod.go.jp/j/policy/agenda/guideline/pdf/security_strategy.pdf）一七頁（二〇二三年十一月二十八日閲覧）。「国家防衛戦略について」二〇二二年十二月十六日（https://www.mod.go.jp/j/policy/agenda/guideline/strategy/pdf/strategy.pdf）五頁（二〇二三年十一月二十八日閲覧）。

34 前掲「国家安全保障戦略について」一九頁。

35 「資料39　今後の防衛力整備について及び「今後の防衛力整備について」に関する内閣官房長官談話」『日本の防衛（防衛白書）昭和62年度版』（http://www.clearing.mod.go.jp/hakusho_data/1987/w1987_9139.html）二〇二四年二月十一日閲覧。

36 沓脱和人「戦後における防衛関係費の推移」『立法と調査』三九五号（二〇一七年十二月）九七－九八頁、二〇一〇年度はＳＡＣＯ関係経費及び米軍再編関係経費（地元負担軽減分）を含む額。

37 前掲「国家防衛戦略について」七頁。

38 中曽根康弘『ＰＤＦ版 日本の総理学』（ＰＨＰ研究所、二〇一五年）一三〇頁。

39 「第百四十五回国会 衆議院 安全保障委員会議録第七号」一九九九年八月三日、一〇頁。

40 前掲「国家安全保障戦略について」一八頁。前掲「国家防衛戦略について」一〇頁。

41 添谷芳秀「日米同盟と多国間安保―バージョン２・０」平和・安全保障研究所『論評―RIPS, Eye』二〇二〇年六月三十日（https://www.rips.or.jp/rips_eye/2423/）二〇二二年十一月七日閲覧。

42 前掲「国家安全保障戦略について」六頁。前掲「国家防衛戦略について」一三頁。

43 「岸田内閣総理大臣記者会見」二〇二二年十二月十六日（https://www.kantei.go.jp/jp/101_kishida/statement/2022/1216kaiken.html）二〇二三年四月七日閲覧。

44 三百苅拓志「安保３文書後の日米同盟の「現代化」に必要なこと――これまでの日米安全保障協議の視点から」笹川平和財団『国際情報ネットワーク分析 ＩＩＮＡ』（https://www.spf.org/iina/articles/sambyakugari_01.html）二〇二三年四月五日閲覧。

45 「講和問題に関する吉田茂首相とダレス米首相会談、日本側記録」データベース「世界と日本」（https://worldjpn.net/documents/texts/JPUS/19510129.O1J.html）二〇二四年一月二十五日閲覧。

46 "Remarks by the President in Address to the Nation on Syria," September 10, 2013 (https://obamawhitehouse.archives.gov/the-press-office/2013/09/10/remarks-president-address-nation-syria) 二〇二〇年六月二十五日閲覧。

47 "Remarks by President Trump in Briefing at Al Asad Air Base, Al Anbar Province, Iraq," December 26, 2018 (https://trumpwhitehouse.archives.gov/briefings-statements/remarks-president-trump-briefing-al-asad-air-base-al-anbar-province-iraq/) 二〇二〇年六月二十五日閲覧。"Remarks by President Trump at the 2020 United States Military Academy at West Point Graduation Ceremony," June 13, 2020 (https://trumpwhitehouse.

archives.gov/briefings-statements/remarks-president-trump-2020-united-states-military-academy-west-point-graduation-ceremony/) 二〇二〇年六月二十五日閲覧。

あとがき

奇妙な肌触りのものができた、と思う。

本書の大本は、慶應義塾大学法学研究科博士前期課程、つまり修士課程修了に当たり、二〇二〇年に提出した修士論文だ。

この後、幸運なことに、新聞通信事業の発展への寄与を目的に世論調査や講演会を手掛けている公益財団法人「新聞通信調査会」の機関誌『メディア展望』に、論文を改稿して計二〇回にわたり連載する機会を頂いた。連載原稿に加筆・修正を施し、一冊にまとめたものが、本書である。

筆者は時事通信社の記者としてニューヨークとワシントンに計八年間駐在し、外交・安全保障をめぐる国連の論理、米国の論理、日本の論理を観察する機会を得た。国外生活経験を持たない「超ドメスティック」な日本人にとって、異国の地で初めて客観的に立ち上がって見えた日本の安全保障の在り方は極めて特殊であり、その象徴が、任期中の大きな取材テーマとなった「日米防衛協力のための指針」(ガイドライン)だった。

本書はそのガイドラインを、日米安保体制と日本の国家としての自主性という極めて古典的な視角から論じている。専門性を極め新規性を追求する研究者には及ばない、社会人の「再教育」の限界であろう。それでもこの本を世に問いたいと思ったのは、論文や連載原稿執筆のためにインタビューに応じていただいた関係者の皆さんの証言を、誰にでも気軽に参照できる形として残しておきたかったためだ。

「奇妙な肌触り」という感想は、アカデミズムとジャーナリズムの間という本書の性格ゆえである。共同通信社の元編集局長の河原仁志氏は自著のあとがきで、「アカデミズムの世界と一般読者を架橋したい」と意気込みを示しておられた。僭越ながら、本書の狙いも大先輩と同じところにある。神経質なまでに脚注が多いのは、昨今のジャーナリズム不信を踏まえ、検証可能性を確保しておきたい、という意識が働いた結果でもある。

不十分な部分が多々あることは、承知している。一九七〇年代と九〇年代の議論の多くは、先行研究に依ったところが極めて大きい。沖縄の基地問題と日本の防衛政策の関係にも、まったく立ち入っていない。

沖縄問題の根は深く、とても筆者の手に負えなかったからだが、これに触れずとも形の上では安全保障を論じることができること自体、日本の戦後の歪みを象徴している。同盟と自主という視角が、二〇一〇年代にまで至る日本の防衛政策を語る際に依然適用できる、まさに「古典」であることのささやかな証左として、本書が受け入れられれば幸甚である。

執筆の上で、そして筆者個人の研究を超えた同時代の悲劇という意味で、何より衝撃だったのは、二〇二二年七月八日の安倍晋三氏の死だ。安倍氏は事件の翌週水曜日の十三日、時間を割いて筆者のインタビューに応じてくれることになっていた。約束の三〇分間でどう質問したら要を得た回答を得られるだろうか、などと思案しながら外出先から戻った筆者を待ち構え、「安倍さんが撃たれた」と告げた妻の真っ青な顔が忘れられない。

安倍氏に「ガイドラインとは何か」と尋ねる機会は永遠に失われた。時代を画した政治家の死は、一個人の死ではなく、歴史の喪失である。言いようのない悲しみと、そして憤りを覚えたことを記しておく。


大学院では、添谷芳秀先生に、「添谷研究室」最後の院生として筆者を迎えていただいた。添谷先生から受けた学恩は、一生の財産である。四十代半ばのロートル院生を丁寧に指導してくれた慶應義塾大学法学研究科の先生方全員にも、深くお礼申し上げたい。

突然「リカレント教育」を思い付き、いわゆるデスクを務めながら大学院に通いたいというわがままを受け入れてくれた時事通信社外信部の先輩・同僚の皆さん、政治部の水谷洋介記者、近藤碧記者、新聞通信調査会の西沢豊理事長、倉沢章夫氏、奥林利一氏にも、感謝申し上げる。

書籍化に当たり、柔らかく、かつずばりと適切にポイントを指摘してくれた中央公論新社の吉田大作氏、学生時代からの畏友である竹中宏氏には、大変手厚い支援を賜った。

最後に、家を空けることが多かった筆者を嫌み一つ口にせず支えてくれた妻の緑と、不在の父親を許してくれた長男と長女へ。ありがとう。

二〇二四年一月

北井邦亮

参考資料　防衛力の役割の変化

	背景	防衛力の役割
51大綱（昭和51年10月29日、国防会議・閣議決定）	○東西冷戦は継続するが緊張緩和の国際情勢 ○わが国周辺は米中ソの均衡が成立 ○国民に対し防衛力の目標を示す必要性	•「基盤的防衛力構想」 •わが国に対する軍事的脅威に直接対抗するよりも、自らが力の空白となってわが国周辺地域における不安定要因とならないよう、独立国としての必要最小限の基盤的な防衛力を保有
↓ 19年		
07大綱（平成7年11月28日、安保会議・閣議決定）	○東西冷戦の終結 ○不透明・不確実な要素がある国際情勢 ○国際貢献などへの国民の期待の高まり	•「基盤的防衛力構想」を基本的に踏襲 •防衛力の役割として「わが国の防衛」に加え、「大規模災害等各種の事態への対処」及び「より安定した安全保障環境の構築への貢献」を追加
↓ 9年		
16大綱（平成16年12月10日、安保会議・閣議決定）	○国際テロや弾道ミサイルなどの新たな脅威 ○世界の平和がわが国の平和に直結する状況 ○抑止重視から対処重視に転換する必要性	•「基盤的防衛力構想」の有効な部分は継承 •新たな脅威や多様な事態に実効的に対応するとともに、国際平和協力活動に主体的かつ積極的に取り組み得るものとすべく、多機能で弾力的な実効性のあるもの
↓ 6年		
22大綱（平成22年12月17日、安保会議・閣議決定）	○グローバルなパワーバランスの変化 ○複雑さを増すわが国周辺の軍事情勢 ○国際社会における軍事力の役割の多様化	•「動的防衛力」の構築（「基盤的防衛力構想」によらず） •各種事態に対して実効的な抑止・対処を可能とし、アジア太平洋地域の安保環境の安定化・グローバルな安保環境の改善のための活動を能動的に行い得る防衛力
↓ 3年		

25大綱（平成25年12月17日、国家安全保障会議・閣議決定）	○わが国を取り巻く安全保障環境が一層厳しさを増大 ○米国のアジア太平洋地域へのリバランス ○東日本大震災での自衛隊の活動における教訓	・「統合機動防衛力」の構築 ・厳しさを増す安全保障環境に即応し、海上優勢・航空優勢の確保など事態にシームレスかつ状況に臨機に対応して機動的に行い得るよう、統合運用の考え方をより徹底した防衛力
↓ 5年		
30大綱（平成30年12月18日、国家安全保障会議・閣議決定）	○わが国を取り巻く安全保障環境が格段に速いスピードで厳しさと不確実性を増大 ○宇宙・サイバー・電磁波といった新たな領域の利用の急速な拡大 ○軍事力のさらなる強化や軍事活動の活発化の傾向が顕著	・「多次元統合防衛力」の構築 ・陸・海・空という従来の領域のみならず、宇宙・サイバー・電磁波といった新たな領域の能力を強化し、全ての領域の能力を融合させる領域横断作戦などを可能とする、真に実効的な防衛力
↓ 5年		
国家防衛戦略（令和4年12月16日、国家安全保障会議・閣議決定）	○わが国は、戦後、最も厳しく複雑な安全保障環境に直面 ○周辺国等が軍事力を増強しつつ軍事活動を活発化する中、わが国はその最前線に位置 ○新しい戦い方が顕在化する中、それに対応できるかどうかが今後の防衛力を構築する上での課題	・相手の能力と新しい戦い方に着目した防衛力の構築 ・多次元統合防衛力を抜本的に強化して、力による一方的な現状変更やその試みを許さず、わが国への侵攻を抑止し、万一、抑止が破られた場合には、わが国自体への侵攻をわが国が主たる責任をもって阻止・排除し得る防衛力

出典：『令和五年版　防衛白書』

カ　行

サ　行

タ・ナ・ハ行

マ・ラ行

さ　行

た　行

な・は行

ま・や・ら・わ行

ア　行

◆人名索引

さ　行

索　引

◆事項索引

北井邦亮

時事通信社外信部編集委員。1973年千葉県生まれ。青山学院大学国際政治経済学部卒業。96年に時事通信社入社、社会部、福島支局、外信部、ニューヨーク特派員、政治部、ワシントン特派員などを経て、2016年より現職。北朝鮮の最初の核実験（06年）を受けた国連安保理での制裁交渉、東日本大震災後の政府対応、オバマ政権下の米国防政策などを取材。2020年3月、慶應義塾大学法学研究科修士課程修了。

日米《にちべい》ガイドライン
——自主防衛《じしゅぼうえい》と対米依存《たいべいいぞん》のジレンマ

〈中公選書 148〉

著　者　北《きた》井《い》邦《くに》亮《あき》

2024年３月10日　初版発行

発行者　安 部 順 一

発行所　中央公論新社
〒100-8152　東京都千代田区大手町 1-7-1
電話　03-5299-1730（販売）
03-5299-1740（編集）
URL　https://www.chuko.co.jp/

ＤＴＰ　今井明子

印刷・製本　大日本印刷

Published by CHUOKORON-SHINSHA, INC.
Printed in Japan　ISBN978-4-12-110149-5 C1331
定価はカバーに表示してあります。

中公選書　好評既刊

126
「戦後」が終わるとき
――日本は外交の言葉を取りもどせるか

坂元一哉著

内外情勢の激動するなかで国際政治学者が書き続けた人気コラム「世界のかたち、日本のかたち」の、二〇〇八年から二一年まで一三年分を集成。米中の狭間における日本の指針を探る。

139
戦争とデータ
死者はいかに数値となったか

五十嵐元道著

近年、戦場での死者数は、国家や国連から統計学や法医学を駆使する国際的ネットワークが算出するようになった。「ファクト」を求める二〇〇年に及ぶ苦闘の軌跡。**大佛次郎論壇賞受賞作**

144
マッカーサー
――20世紀アメリカ最高の軍司令官なのか

リチャード・B・フランク著
ブライアン・ウォルシュ監訳
ウォルシュあゆみ訳

「天才的な軍人」でもなく、「中身のない大法螺吹き」でもない、生身の人間像が浮かび上がる。その言動や彼を取り巻く出来事は、アメリカの軍隊と軍人について知る上で示唆に富む。

146
統帥権の独立
――帝国日本「暴走」の実態

手嶋泰伸著

大日本帝国崩壊の最大要因とされてきた統帥権の「独立」。元老らはなぜ「独立」を支持し、政党人や軍人に否定論者がいながら、なぜ維持されたのか。明治期から敗戦までの政軍攻防史。